AF900483

Die deutschen Eisenbetonbestimmungen von 1925

zum bequemen Gebrauch für die Entwurfsbearbeitung nach Konstruktionsgliedern geordnet und ausgelegt

von

Dr.-Ing. Ernst Rausch
Privatdozent an der Technischen Hochschule Berlin

Mit 64 Abbildungen im Text

Springer-Verlag Berlin Heidelberg GmbH
1929

Alle Rechte, insbesondere das der Übersetzung
in fremde Sprachen, vorbehalten.

ISBN 978-3-662-31431-9 ISBN 978-3-662-31638-2 (eBook)
DOI 10.1007/978-3-662-31638-2

Vorwort.

Die Einteilung der Eisenbetonbestimmungen ist meines Erachtens für die Entwurfbearbeitung nicht sehr bequem, da man sich bei der Berechnung eines Konstruktionsgliedes (Platte, Balken, Stütze) die zugehörigen Vorschriften aus verschiedenen Paragraphen zusammensuchen muß. — Es ist auch nicht leicht, eine bestimmte Vorschrift (z. B. den geringsten Bewehrungsprozentsatz des Stützenquerschnittes) aufzufinden, da die Bestimmungen kein Inhaltsverzeichnis enthalten.

Mit dem vorliegenden Heft soll daher der Versuch unternommen werden, die einzelnen Vorschriften der Eisenbetonbestimmungen nach *Konstruktionsgliedern* zu ordnen und mit einem *Inhaltsverzeichnis*, sowie einem *alphabetischen Schlagwortverzeichnis* zu versehen, um die Auffindung der einschlägigen Vorschriften zu erleichtern. Die einzelnen Bestimmungen sind ferner soweit wie möglich durch *Abbildungen* veranschaulicht, um auch hierdurch einen rascheren Überblick zu ermöglichen.

Das Heft enthält außerdem *Erläuterungen*, die auf ein Mindestmaß beschränkt wurden. Die Vorschriften für *kreuzweise bewehrte Platten* bieten keine allgemeine Handhabe zur Berechnung, dieser Abschnitt ist daher ausführlicher erläutert, und es sind hierfür an Hand des in den Bestimmungen genannten *Marcus*schen Buches allgemeine Formeln aufgenommen worden.

Da das Heft für die Entwurfbearbeitung bestimmt ist, sind darin von den Eisenbetonbestimmungen nur der II. Teil (Konstruktionsgrundsätze und Leitsätze für die statische Berechnung) und die „Bestimmungen für Ausführung ebener Steindecken“ enthalten. Die Einteilung der Eisenbetonbestimmungen nach Paragraphen und Punkten ist weggelassen worden, dafür sind die einzelnen *Absätze laufend numeriert* (auch in den Steindeckenbestimmungen). Zur Auffindung der einzelnen Absätze im Urtext und umgekehrt eines Urtextabschnittes im vorliegenden Heft ist am Schlusse eine „Gegenüberstellung der Text-, Formel- und Abbildungsnumerierung in den Bestimmungen und im vorliegenden Heft" enthalten.

Der Text der Bestimmungen ist in halbfettem Druck, derjenige der Erläuterungen in gewöhnlichem Druck gehalten worden. Die aus den Bestimmungen entnommenen Abbildungen sind mit der Bemerkung „(Bestimmungen)" besonders kenntlich gemacht.

Anregungen zu Verbesserungen oder Ergänzungen würde ich mit Dank entgegennehmen.

Berlin, im Juni 1929

E. Rausch.

Inhaltsverzeichnis.

(Alphabetisches Schlagwortverzeichnis siehe am Schluß.)

A. Bestimmungen für Ausführung von Bauwerken aus Eisenbeton (September 1925).

Teil II. Konstruktionsgrundsätze und Leitsätze für die statische Berechnung.

Einheitliche Bezeichnungen im Eisenbetonbau.

1. Allgemeine Vorschriften, zulässige Beanspruchungen.

Absatz — Konstruktionsgrundsätze. — Seite

3. Kreuzweise bewehrte Platten.

Konstruktionsgrundsätze.

Ermittlung der äußeren Kräfte.

4. Pilzdecken.

Konstruktionsgrundsätze.

Ermittlung der äußeren Kräfte.

5. Balken und Plattenbalken.

Konstruktionsgrundsätze.

Ermittlung der äußeren Kräfte.

Ermittlung der inneren Kräfte.

6. Säulen.

Konstruktionsgrundsätze.

A. Bestimmungen für Ausführung von Bauwerken aus Eisenbeton (September 1925).

Teil II. Konstruktionsgrundsätze und Leitsätze für die statische Berechnung.

Einheitliche Bezeichnungen im Eisenbetonbau.

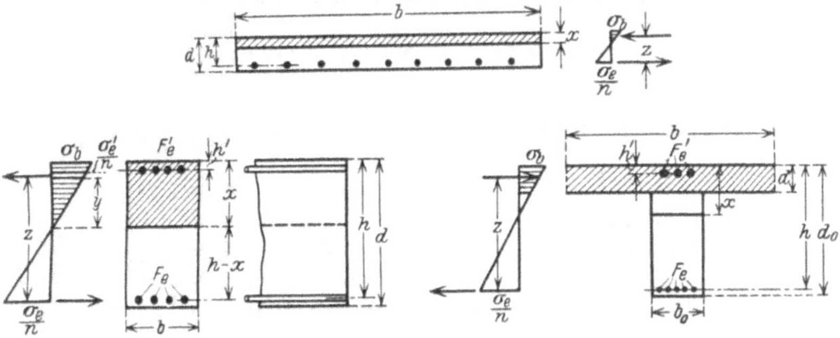

x = Abstand der Nullinie vom gedrückten Rand.

y = Abstand des Druckmittelpunktes von der Nullinie.

z = Abstand des Druckmittelpunktes vom Zugmittelpunkt.

F_b = Betonquerschnitt ohne Abzug der Eiseneinlagen, geometrischer Querschnitt.

F_e = Gesamtquerschnitt der Eisen eines Druckgliedes, insbesondere der Längseisen mittig belasteter Säulen.

F_k = Querschnitt des umschnürten Betonkerns bei umschnürten Säulen.

F_s = Querschnitt der in Längseisen umgewandelten Umschnürung.

E_b = Elastizitätsmaß des Betons.

E_e = Elastizitätsmaß des Eisens.

$n = \frac{E_e}{E_b}$ = Verhältnis der beiden Elastizitätsmaße.

F_e = Querschnitt der Zugeisen bei Biegung.

F_e' = Querschnitt der Druckeisen bei Biegung.

σ_b = Druckspannung des Betons bei Biegung und in Säulen.

σ_e = Zugspannung des Eisens bei Biegung
σ_e' = Druckspannung des Eisens bei Biegung
} Zustand II (Ausschluß der Betonzugspannungen).

σ_{bz} = Zugspannung des Betons
σ_{bd} = Druckspannung des Betons
σ_{ez} = Zugspannung des Eisens
σ_{ed} = Druckspannung des Eisens
} im Zustand I (Mitwirkung der Betonzugspannung).

τ_0 = Schubspannung des Betons im Zustand II.
τ_1 = Haftspannung des Betons am Eisen.
d = Gesamthöhe bei Rechteckbalken und Platten.
d_0 = Gesamthöhe bei Plattenbalken.
h = Abstand des Schwerpunktes der gezogenen Eisen vom gedrückten Rand, Nutzhöhe.
h' = Abstand des Schwerpunktes der gedrückten Eisen vom gedrückten Rand.
b = nutzbare Druckgurtbreite bei Plattenbalken, Breite von Rechteckquerschnitten.
b_0 = Rippenbreite bei Plattenbalken.
u = Umfang der Eisen.
$f_e = \frac{F_e}{b}$ = Zugeisenquerschnitt auf die Breiteneinheit.
$f'_e = \frac{F'_e}{b}$ = Druckeisenquerschnitt auf die Breiteneinheit.

1. Allgemeine Vorschriften, zulässige Beanspruchungen.

Konstruktionsgrundsätze.

1. Haken der Eiseneinlagen. Die Zugeisen sind an ihren Enden mit halbkreisförmigen oder spitzwinkligen Haken zu versehen, deren lichter Durchmesser mindestens gleich dem 2,5fachen des Eisendurchmessers ist.

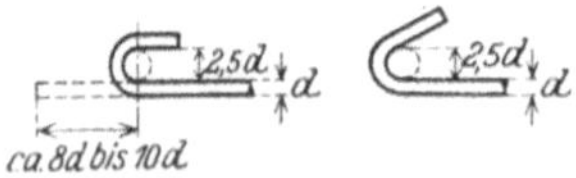

Abb. 1.

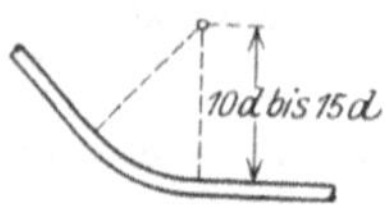

Abb. 2.

2. Der lichte Krümmungshalbmesser von abgebogenen Eisen muß das 10- bis 15fache des Eisendurchmessers betragen.

Hakenform s. Abb. 1. Abgewickelte Länge des Hakens etwa 8 d bis 10 d. Bei Druckbewehrungen Haken nicht erforderlich. (Bei Rammpfählen sind Haken zu vermeiden, da sie unter den Rammschlägen auf den Beton sprengend wirken.)

Betreffend Absatz 2 vgl. Abb. 2.

3. Stoßverbindungen der Zugeiseneinlagen. Zugeiseneinlagen sind möglichst nicht zu stoßen. In einem Querschnitt von Balken und Zuggliedern soll nur ein Stoß liegen.

4. Die Stöße können einwandfrei durch Spannschlösser ausgebildet werden, die aus Muffen mit Gegengewinden bestehen.

5. Geschweißte Stöße müssen einwandfrei und nach einem bewährten Verfahren ausgeführt werden, das einen vollen Ersatz des gestoßenen Querschnitts gewährleistet, wobei durch allseitig ein-

gebettete und mit Endhaken versehene Zulageeisen für eine erhöhte Sicherheit zu sorgen ist.

6. Sollen die Eiseneinlagen durch Überdeckung gestoßen werden, so sind die Enden nebeneinander zu legen und mit Rundhaken zu versehen; die Überdeckungslänge muß mindestens das 40fache des Eisendurchmessers betragen.

7. Die Ausbildung der Stöße durch Überdeckung ist bei den Trageisen in Zuggliedern und bei den über 20 mm starken Zugeisen in Balken nicht zulässig.

Bei Stößen durch Spannschlösser (Abb. 3) werden die Stabenden zweckmäßig angestaucht, damit nicht Querschnittsverlust infolge des Gewindes eintritt, falls die betreffenden Stäbe an der Stoßstelle voll ausgenutzt sind (als Zugquerschnitt ist der Kernquerschnitt in Rechnung zu setzen).

Bei geschweißten Stößen ist zu empfehlen, dem Zulageeisen eine Querschnittfläche zu erteilen, die mindestens dem halben Querschnitt des zu stoßenden Eisens entspricht (sorgfältige Ausführung vorausgesetzt). Als Länge des Zulageeisens kann das Doppelte der unter Punkt 6 vorgeschriebenen Überdeckungslänge, also 80 d vorgeschlagen werden (Abb. 4).

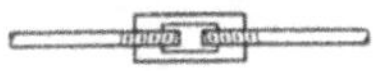

Abb. 3.

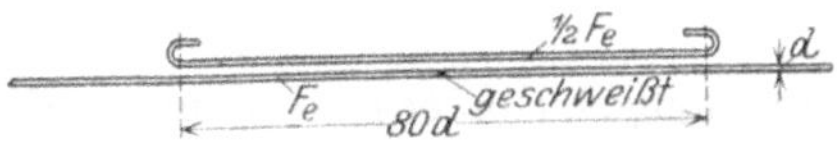

Abb. 4.

Abb. 5.

Geschweißte Stöße sollen grundsätzlich nur an solchen Stellen angeordnet werden, wo die Eiseneinlagen nicht voll ausgenutzt sind. Es ist zu empfehlen, die Schweißstellen mit Verdickungen zu versehen, um hierdurch einen größeren Eisenquerschnitt zu erzielen[1]. — Handschweißung soll nur von zuverlässigem erfahrenen Schmied ausgeführt werden. Bessere Ergebnisse liefert die elektrische Widerstandsschweißung. — Geschweißte Stöße kann man zweckmäßigerweise vermeiden, wenn die betreffenden Stäbe vom Werk in größeren fixen Längen bestellt werden.

Den Stoß durch Überdeckung zeigt Abb. 5. Die Anwendung dieser Stoßart ist laut Punkt 7 beschränkt.

[1] Eisenbetonbau. Herausgegeben vom D. Betonverein; Stuttgart: Wittwer 1926. Bd. I. S. 88.

8. Geknickte und gebogene Zugeisen, durch deren Beanspruchung ein Absprengen der Betonumhüllung eintreten kann, sollen vermieden werden; sie sind durch sich kreuzende gerade Eisen zu ersetzen.

Vgl. Abb. 6a bis d.

Bei stetig gekrümmten Bogenlaibungen kann die absprengende Wirkung durch radial gestellte Bügel verhindert werden (Abb. 6e). Aus der Kraftzerlegung nach Abb. 6a folgt, daß hierbei auf die Längeneinheit der Bogenlaibung ein Bügelquerschnitt

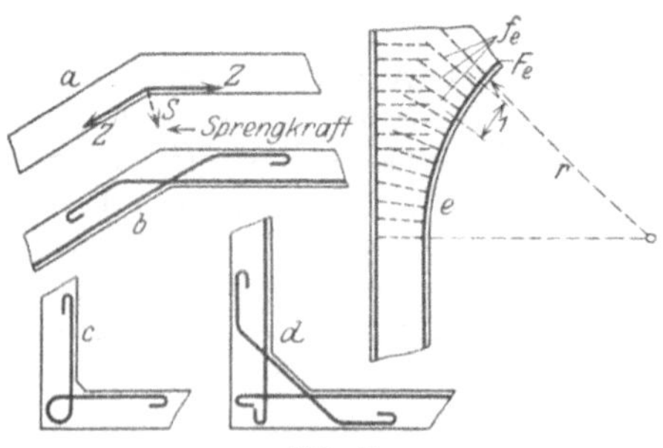

Abb. 6.

$$f_e = \frac{F_e}{r}$$

erforderlich ist, wobei F_e den Eisenquerschnitt der gekrümmten Bewehrung und r den Krümmungshalbmesser bedeuten. Es ist darauf zu achten, daß jeder Stab durch Bügelecken gefaßt wird (also nur zwei Stäbe durch einen Bügel).

9. Die Betondeckung der Eiseneinlagen an der Unterseite von Platten soll mindestens 1 cm, bei Bauten im Freien 1,5 cm stark sein; die Überdeckung der Bügel an den Rippen und bei Säulen muß überall mindestens 1,5 cm, bei Bauten im Freien 2 cm betragen. Bei sehr großen Abmessungen (Schleusen-, Brückenbauten u. dgl.) und besonders schwierigen Verhältnissen empfiehlt es sich, mit der Überdeckung der Eiseneinlagen über 2 cm hinauszugehen. Bei Eisenbetonbauten außergewöhnlicher Art, namentlich bei Verwendung von Formeisen, sind besondere Maßnahmen zu treffen.

10. Bauwerke und Bauteile, die der Einwirkung von zementschädlichen Wässern, Säuren, Säuredämpfen, schädigenden Salzlösungen, Ölen, schwefeligen Rauchgasen (z. B. bei Brücken über Eisenbahngleisen) u. dgl. oder hohen Hitzegraden (z. B. bei Fabrikschornsteinen) ausgesetzt sind, erfordern auch im Eisenbeton besondere Schutzmaßnahmen[1]. Wenn nicht besondere Verkleidungen[2]

[1] Schädigende Einwirkungen können eintreten, wenn gleichzeitig Feuchtigkeit vorhanden ist oder hinzutreten kann. Trockene Säuren, Salze u. dgl. wirken im allgemeinen nicht schädlich.

[2] Fabrikschornsteine müssen ein Futter von mindestens 12 cm Stärke und hinreichender Höhe erhalten, das wenigstens alle vier Jahre auf seinen Zustand hin zu untersuchen ist.

angeordnet werden, wird außer der Verwendung eines dichten Betons, eines sorgfältig ausgeführten Zementputzes, geeigneter Schutzanstriche usw. eine Vergrößerung der Betondeckschicht bis auf 4 cm (ohne Putz) in Betracht zu ziehen sein.

11. In Räumen mit gewerblichen Betrieben und mit starkem Verkehr muß die Oberseite der Decken gegen Abnutzung gesichert werden, und zwar entweder, indem die Decken mindestens 1 cm stärker hergestellt werden als statisch nötig, unter Verwendung eines besonders widerstandsfähigen Betons an der Oberseite, oder durch Anordnung eines dauerhaften Belags oder Estrichs.

Auf Abb. 7 sind die Betondeckungen dargestellt.

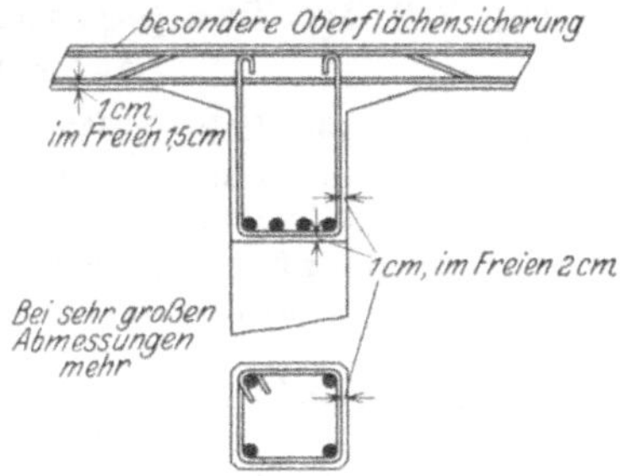

Abb. 7.

Zementschädliche Einflüsse werden oft vom Erdreich ausgeübt (aggressives Grundwasser, Moorböden), und es ist daher in erster Linie bei jeder Gründung darauf zu achten[1].

12. Fabrikmäßig hergestellte Eisenbetonplatten und -balken müssen beim Transport vor dem Zerbrechen geschützt werden, gegebenenfalls durch eine hinreichend starke Eisenbewehrung in der besonders zu kennzeichnenden Druckzone.

Belastungsannahmen.

13. Bei Hochbauten sind die in den einzelnen Ländern jeweils gültigen amtlichen Vorschriften zu beachten[2].

14. Für Ingenieurbauten ist die Belastung durch Eigengewicht ebenfalls nach den in Absatz 13 genannten amtlichen Vorschriften zu berechnen. Die Verkehrslasten sind nach den in den einzelnen Ländern von den zuständigen Stellen erlassenen Vorschriften zu bemessen.

Für die Belastung der Decken von Autogaragen s. Erlaß vom 9. III. 1928[3]. Im Zusammenhang mit dem Erlaß be-

[1] Näheres über zementschädliche Einwirkungen siehe: „Einflüsse auf Beton“ von Kleinlogel, Graf, Hundeshagen; Berlin: W. Ernst u. Sohn.

[2] **Für Preußen gelten die vom Minister für Volkswohlfahrt herausgegebenen Bestimmungen über die bei Hochbauten anzunehmenden Belastungen vom 24. XII. 1919 (Zentralbl. d. Bauverw. 1920, S. 45). Diese Bestimmungen sind mit geringen Änderungen auch in Baden, Hessen, Württemberg, Oldenburg, Schaumburg-Lippe, Bremen und Anhalt eingeführt.**

[3] Zentralbl. d. Bauverw. 1928. S. 220.

stehen bei der Berliner Baupolizei ausführlichere Richtlinien hierfür[1]. — Grundsätzlich sind für Decken unter Personenkraftwagen (Gesamtgewicht bis 2500 kg, einschl. Stoßzuschlag, Gewicht des Wagenlenkers und der Betriebsstoffe) 400 kg/m² oder zwei Einzellasten von je 750 kg in 1,40 m Abstand, für Decken unter Lastkraftwagen (Gesamtgewicht bis 9000 kg, sonst wie vor) 800 kg/m² oder zwei Einzellasten von je 2500 kg in 1,40 m Abstand vorgeschrieben[2].

Einfluß der Temperaturschwankungen und des Schwindens.

15. Bei gewöhnlichen Hochbauten können die Temperaturschwankungen und das Schwinden in den statischen Berechnungen unberücksichtigt bleiben.

16. Dem Einfluß der Temperaturschwankungen und des Schwindens ist durch Anordnung von Trennungsfugen Rechnung zu tragen.

17. Mit Rücksicht auf das Schwinden sind die Bauteile nach dem Einbringen des Betons möglichst lang feucht zu halten und vor Einwirkung der Sonnenstrahlen zu schützen.

18. Bei Tragwerken, bei denen die Temperaturänderung beträchtliche Spannungen hervorruft, insbesondere bei Fabrikschornsteinen[3] muß ihr Einfluß berücksichtigt werden. Als Grenzen der durch Änderung der Lufttemperatur bedingten Temperaturschwankung in den Bauteilen sind je nach den klimatischen Verhältnissen in Deutschland $-5°$ bis $-10°$ und $+25°$ bis $+30°$ anzunehmen. In dem Festigkeitsnachweis ist in der Regel mit einer mittleren Temperatur bei der Ausführung von $+10°$ und demnach mit einem Temperaturunterschied von 15 bis 20° zu rechnen.

19. Bei statisch unbestimmten Tragwerken ist dem Einfluß des Schwindens auf die statisch unbestimmten Größen durch die Annahme eines Temperaturabfalls von 15° Rechnung zu tragen.

20. Als Wärmeausdehnungszahl für Beton ist $1:10^5$ anzunehmen.

---

[1] B. P. Zen. St. VII./Allg. 35 v. 28. II. 29.

[2] Für Brückenbelastungen s. Normenblatt DIN 1072 und DIN Entwurf E 1075 (Berlin: VDI-Verlag).

Eine ausführliche Zusammenstellung der Belastungsannahmen ist enthalten im Buche: „Eisenbetonbau“, herausgegeben vom D. Betonverein; Stuttgart: Wittwer 1926. Bd. I, S. 105.

[3] **Im Fuchskanal oder im Schornsteinfuß sind Einrichtungen vorzusehen, mit denen der Wärmegrad der in den Schornstein eintretenden Gase jederzeit gemessen werden kann.**

21. Bei Bauteilen, deren geringste Abmessung 70 cm und mehr beträgt oder die durch Überschüttung oder andere Vorkehrungen Temperaturänderungen weniger ausgesetzt sind, können die oben angegebenen Temperaturunterschiede um 5° ermäßigt werden.

Über Trennungsfugen s. Kleinlogel: Bewegungsfugen im Beton- und Eisenbetonbau; Berlin: W. Ernst & Sohn 1926. Über Temperatureinflüsse s. auch Gehler: Erläuterungen mit Beispielen zu den Eisenbetonbestimmungen 1925, 4. Aufl., S. 103—107. Berlin: W. Ernst & Sohn 1927. Auf Grund dieser Veröffentlichungen und nach eigener Ansicht des Verfassers können für die Temperatureinflüsse und Trennungsfugen folgende kurze Anhaltspunkte gegeben werden:

Abstand der Trennungsfugen bei langgestreckten Hochbauten etwa 30—50 m. Da bei Dächern die Temperaturschwankungen und das Schwinden besonders groß sind, ist hierbei geringerer Abstand zu nehmen (höchstens die Hälfte der vorgenannten Abstände). Bei Ingenieurbauten je nach der baulichen Ausbildung 10—60 m. Bei unbewehrten Betonkörpern (Stützmauer, Kaimauer) etwa 10 m. In Brückenbrüstungen 3—6 m. In den Stirnwänden von Bogenbrücken Fugen über etwaigen Gelenken und außerdem in Abständen von 10—20 m. Bei Talsperren in etwa 25—35 m Abständen. Bei Betonstraßen Querfugen in etwa 10 m Abständen und mittlere Längsfuge, wenn die Straßenbreite > 6 m.

Um Schwindrisse in Betonkonstruktionen möglichst zu vermeiden, muß der Beton nach seiner Herstellung lange feucht gehalten werden.

Trennungsfugen sind nicht nur wegen Temperatur- und Schwindeinflüsse anzuordnen, sondern auch dann, wenn zwei benachbarte Bauteile auf verschiedene Weise beansprucht oder gelagert sind. So sollen Maschinenfundamente grundsätzlich von ihrer Umgebung durch Fugen abgetrennt werden, um die Übertragung der Erschütterungen auf die Nachbarbauten nach Möglichkeit zu vermeiden. Ebenso sind Fugen anzuordnen dort, wo in einem Bauwerk die Gründungsart wechselt (Flach- und Tiefgründung), um die ungleichen Setzungen zu ermöglichen.

Zu den Tragwerken, bei denen die Temperaturänderung beträchtliche Spannungen hervorruft, gehören vor allem die statisch unbestimmten Rahmen und Bögen, sowie Ingenieurbauwerke, wie Warmwasserkanäle (Fluteranlagen), Kühltürme, Kesselunterbauten, Rauchkanäle, Schornsteine, Kokslöschanlagen usw. Bei letzteren muß hauptsächlich auf die Temperaturunterschiede zwischen Innen- und Außenwand geachtet werden, die eine erhebliche Eisenbewehrung oder auch die Anordnung von Wärmeschutzschichten bedingen können[1].

Die Wärmeausdehnungszahl des Eisens kann derjenigen des Betons gleichgesetzt werden.

Ermittlung der äußeren Kräfte.

22. Bei der Berechnung der unbekannten Größen statisch unbestimmter Tragwerke und der elastischen Formänderungen aller Tragwerke ist mit einem für Druck und Zug im Beton gleich großen Elastizitätsmaß $E_b = 210000$ kg/cm² zu rechnen.

23. Das Trägheitsmoment ist aus dem vollen Betonquerschnitt mit oder ohne Einschluß des zehnfachen Eisenquerschnitts zu ermitteln.

24. Für die Spannungsermittlung und Querschnittsbemessung gilt $E_b = 140000$ kg/cm².

25. In den Gleichungen bedeuten

g gleichmäßig verteilte ständige Last } je Längeneinheit des untersuchten Plattenstreifens oder Balkens;
p gleichmäßig verteilte Verkehrslast }

ferner ist

$$q = g + p.$$

Für die Berechnung der statisch unbekannten Größen und der Formänderungen ist demnach eine Verhältniszahl zwischen den Elastizitätsmaßen für Eisen und Beton $n = 10$ zu setzen (der Annahme einer ungerissenen Zugzone entsprechend). Mit Einschluß des 10fachen Eisenquerschnitts soll gerechnet werden, wenn es sich um Formänderungen handelt (auch für die Ermittlung von Schwingungszahlen). Wenn der Querschnittsverlauf eines Konstruktionsgliedes Sprünge aufweist (Abtreppungen, Aussparungen), dann gleicht man am zweckmäßigsten die Sprünge unter einer Neigung von etwa 45° aus und berechnet hierzu die Trägheitsmomente (Abb. 8).

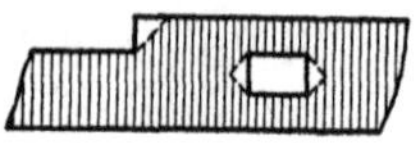

Abb. 8.

Für die Spannungsermittlung gilt $n = 15$ (der Annahme einer gerissenen Zugzone entsprechend).

[1] Vgl. Mörsch: „Der Eisenbetonbau"; Stuttgart: Wittwer 1924. II. Bd. 1. Liefg. S. 427, ferner die Aufsätze über Eisenbetonschornsteine von Lupescu im „Beton und Eisen" 1924. S. 201 und von Hingerle ebenda S. 283; über die beste Widerstandskraft des Betons gegen Hitze und Kälte siehe David: „Praktischer Eisenbetonbau"; München-Berlin: R. Oldenbourg 1929. S. 87.

Ermittlung der inneren Kräfte.

26. Rechnungsannahmen. Die Spannungen im Querschnitt des auf Biegung oder des auf Biegung mit Achskraft beanspruchten Körpers sind unter der Annahme zu berechnen, daß sich die Dehnungen wie die Abstände von der Nullinie verhalten. Die zulässige Beanspruchung des Betons auf Druck und des Eisens auf Zug sowie die zulässigen Schub- und Haftspannungen haben zur Voraussetzung, daß das Eisen alle Zugspannungen im Querschnitt aufnimmt, daß also von einer Mitwirkung des Betons auf Zug ganz abgesehen wird.

27. Für die Bemessung der Bauteile ist das Verhältnis der Elastizitätsmaße von Eisen und Beton zu $n = 15$ anzunehmen.

28. Bei der Berechnung der Biegungsspannungen dürfen einbetonierte Schienen zur Befestigung von Transmissionen bis zu 50% ihres Gesamtquerschnitts in Rechnung gestellt werden.

Auf der obigen Voraussetzung der linearen Spannungsverteilung und der gerissenen Zugzone beruhen die Bemessungstabellen und Tafeln für Eisenbetonbauten[1].

Zulässige Beanspruchungen.

29. Die zulässigen Beanspruchungen des Betons sind sowohl von der Würfelfestigkeit W_{e28} als auch von W_{b28} abhängig. Dabei bedeuten:

W_{e28} = Würfelfestigkeit erdfeuchten Betons nach 28 Tagen,

W_{b28} = Würfelfestigkeit von Beton in der gleichen Beschaffenheit, wie er im Bauwerk verarbeitet wird, nach 28 Tagen[2].

30. Die Würfelfestigkeiten sind festzustellen nach den „Bestimmungen für Druckversuche an Würfeln bei Ausführung von Bauwerken aus Beton und Eisenbeton“ und müssen sein:

a) bei Verwendung von Handelszement . . $W_{e28} \geqq 200$ kg/cm²

und außerdem. . . . . $W_{b28} \geqq 100$ kg/cm²

b) bei Verwendung von hochwertigem Zement $W_{e28} \geqq 275$ kg/cm²

und außerdem. . . . . $W_{b28} \geqq 130$ kg/cm²

c) in besonderen Fällen, in denen die zulässige Beanspruchung des Betons auf Grund des Festigkeitsnachweises abgestuft wird, für

---

[1] „Eisenbetonbau“ herausgegeben vom D. Betonverein. Stuttgart: Wittwer 1926. Bd. I; für alltäglichen Bedarf: Betonkalender und Foerster, Taschenbuch. 5. Aufl. Berlin: Julius Springer 1927.

[2] **Vgl. die „Bestimmungen für Druckversuche an Würfeln bei Ausführung von Bauwerken aus Beton und Eisenbeton“.**

Die Einführung einer Konsistenzprobe (Steifeprobe) bleibt vorbehalten, bis die Versuche zur Feststellung des Zusammenhanges zwischen Wasserzusatz, Konsistenz (Steife) und Würfelfestigkeit abgeschlossen sind.

weich oder flüssig angemachten und entsprechend der Verarbeitung im Bauwerk behandelten Beton:

$W_{b\,28} \geqq \nu \cdot \sigma_{zul}$, wobei der Beiwert ν den Tafeln I und III (Absätze 32 und 48) zu entnehmen ist, und außerdem

$W_{e\,28} \geqq 250$ kg/cm².

Nach den „Bestimmungen für Druckversuche an Würfeln bei Ausführung von Bauwerken aus Beton und Eisenbeton" sind die Würfel in eisernen Formen mit 20 oder 30 cm Kantenlänge herzustellen (bei feinerem Beton, wie er bei Eisenbetonbauten Verwendung findet, sind Formen von 20 cm Kantenlänge zu benutzen). Im übrigen vgl. diese Vorschrift und die vom Deutschen Betonverein herausgegebenen „Leitsätze für die Baukontrolle". Die oben unter a und b angegebenen Mindestfestigkeiten können bei dem in den Eisenbetonbestimmungen (Teil I, § 6) vorgeschriebenen Mischungsverhältnis (270—300 kg Zement pro Kubikmeter fertigen Beton) und befriedigender Kornzusammensetzung mit entsprechendem Wasserzusatz leicht erreicht werden. Höhere Festigkeiten (Absatz c) können durch Steigerung des Zementgehaltes bzw. durch Verwendung hochwertigen Zementes, vor allem aber durch eine sorgfältige Kornzusammensetzung (Splittzusatz) erzielt werden. Die Verwendung eines entsprechenden Splittzusatzes erhöht auch die Zugfestigkeit des Betons und gibt daher erhöhte Sicherheit gegen Zug und Schubrisse, eine Tatsache, die nicht genügend beachtet wird[1].

31. Mittiger Druck (vgl. Tafel I).

Teilbelastung:

Wenn bei Auflagerquadern, Gelenksteinen usw. die eine Fläche F nur in einem mittig gelegenen Teile F_1 auf Druck beansprucht wird und dabei $h \geqq d$ ist (Abb. 9), so gilt für die zulässige Beanspruchung in der Teilfläche F_1 die Formel

$$\sigma_1 = \sigma \cdot \sqrt[3]{\frac{F}{F_1}},$$

wobei σ die in der Tafel angegebene zulässige Beanspruchung ist.

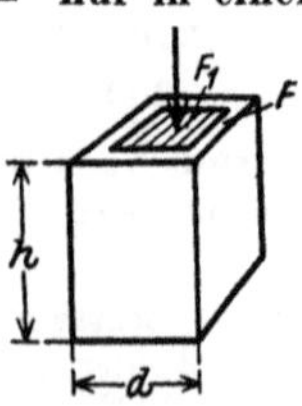

Abb. 9. (Bestimmungen.)

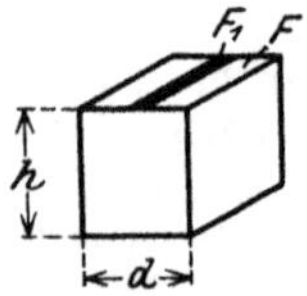

Abb. 10.

[1] Für die Auswahl der Zuschlagsstoffe hinsichtlich Druck- und Zugfestigkeit vgl. David: „Praktischer Eisenbetonbau"; München-Berlin; R. Oldenbourg 1929.

Nach Gehler (Erläuterungen) gilt die obige Formel auch für streifenförmige Belastung[1] (nach Abb. 10).

32. **Tafel I.**

		Zulässige Beanspruchungen in kg/cm² bei Stützen ohne Knickgefahr	
		im allgemeinen	in Brücken
1	**Handelszement:** $W_{e28} \geqq 200$ kg/cm² und außerdem $W_{b28} \geqq 100$ kg/cm²	35 kg/cm²	30 kg/cm²
2	**Hochwertiger Zement:** $W_{e28} \geqq 275$ kg/cm² und außerdem $W_{b28} \geqq 130$ kg/cm²	45 kg/cm²	40 kg/cm²
3	**In besonderen Fällen bei Nachweis der Würfelfestigkeit:** $W_{e28} \geqq \nu \cdot \sigma_{zul}$ und außerdem $W_{e28} \geqq 250$ kg/cm²	$\sigma_{zul} = \frac{W_{b28}}{3}$ jedoch nicht mehr als 60 kg/cm²	$\sigma_{zul} = \frac{W_{b28}}{4}$ jedoch nicht mehr als 50 kg/cm²

33. **Stützen mit Knickgefahr sind mit vorstehenden Beanspruchungen für die ω-fache Stützenbelastung zu bemessen, wobei die Knickzahl ω abhängig ist vom Schlankheitsgrad (Höhe der Stütze h — vgl. Absatz 152 — geteilt durch die kleinste Stützendicke s) gemäß nachstehender Tafel.**

34. **Tafel II.**

$\frac{h}{s}$	Knickzahl $\omega = \frac{\sigma_{b\,zul}}{\sigma_{k\,zul}}$	$\frac{\Delta\omega}{\Delta\frac{h}{s}}$
1. für quadratische und rechteckige Stützen mit einfacher Bügelbewehrung		
15	1,0	
20	1,25	0,05
25	1,75	0,10

[1] Vgl. Bach: Elastizität und Festigkeit, 5. Aufl., S. 171; Berlin: Julius Springer.

Tafel II (Fortsetzung).

$\frac{h}{s}$	Knickzahl $\omega = \frac{\sigma_{b\,zul}}{\sigma_{k\,zul}}$	$\frac{\Delta\omega}{\Delta\frac{h}{s}}$
2. für umschnürte Stützen		
13	**1,0**	
20	**1,7**	**0,1**
25	**2,7**	**0,2**

Zwischenwerte sind geradlinig einzuschalten.

Tafel I gilt für Stützen ohne Knickgefahr, wobei also der Schlankheitsgrad $\frac{h}{s} \leqq 15$ bei quadratischen und rechteckigen Stützen mit einfacher Bügelbewehrung bzw. $\frac{h}{D} \leqq 13$ bei umschnürten Stützen (wie es aus Tafel II hervorgeht). Nach Gehler (Erläuterungen) ist es empfehlenswert, die laut Punkt 3 der Tafel I bei Nachweis der Würfelfestigkeit zugelassene Spannungserhöhung nur für Säulen mit einer Schlankheit $\frac{h}{s} = \frac{h}{D} \leqq 20$ zuzulassen. Bei erstklassigen Baustoffen werden nicht selten erheblich höhere Würfelfestigkeiten erzielt, als unter 3 der Tafel I angegeben. In solchen Fällen pflegen Baupolizeibehörden nicht abgeneigt zu sein, mit den zulässigen Beanspruchungen höher zu gehen, als in Tafel I angegeben, sofern sich der Unternehmer verpflichtet, aus dem fertigen Bauwerk Probewürfel herauszustemmen, die eine gegebene Mindestfestigkeit (beispielsweise 400 kg/cm²) ergeben müssen.

Aus der Tafel II kann darauf geschlossen werden, daß ein Schlankheitsgrad über 25 nicht zulässig ist.

35. Reine Biegung und Biegung mit Längskraft. Die zulässigen Beanspruchungen der folgenden Tafel gelten in:

Spalte a:

36. für mindestens 20 cm hohe volle Rechteckquerschnitte,

37. für Balken und Plattenbalken zur Aufnahme von Stützmomenten,

38. für Pilzdecken (vgl. Absatz 90—110),

39. für Rahmen, Bogen und Stützen als Teile rahmenartiger Tragwerke, wenn diese ausführlich nach der Rahmentheorie berechnet werden, und zwar bei gewöhnlichen Hochbauten unter Annahme ungünstiger Laststellung, bei anderen Bauten außerdem unter Berücksichtigung der Wärmewirkung, des Schwindens sowie der Reibungs- und Bremskräfte;

Spalte b:

40. für Platten von mindestens 10 cm Stärke in Hochbauten einschließlich Fabriken ohne wesentliche Erschütterungen,

41. für Balken, Plattenbalken, außermittig belastete Stützen und andere Tragwerke, soweit sie nicht unter a fallen,

42. für Stützenquerschnitte von Balken und Plattenbalken der Spalte c;

Spalte c:

43. für Platten von weniger als 10 cm Stärke,

44. für die unmittelbar starken Erschütterungen ausgesetzten Bauteile in Hochbauten,

45. für Platten und Träger der Fahrbahntafel in Straßenbrücken und Durchfahrten bei weniger als 50 cm Überschüttungshöhe;

Spalte d:

46. für Balkenbrücken unter Eisenbahngleisen. Werden die Brems- und Anfahrkräfte und der Einfluß der Temperaturschwankungen und des Schwindens berücksichtigt, so dürfen die in Spalte d genannten zulässigen Spannungen um 30% erhöht werden. Dabei dürfen aber die ohne diese Kräfte errechneten Spannungen die dort genannten Werte nicht überschreiten.

47. In den Spalten c und d ist ein Stoßzuschlag bis 50% berücksichtigt. Ist ein höherer Stoßzuschlag geboten, so sind die stoßenden Lasten entsprechend zu erhöhen.

48. Tafel III.

	Zulässige Beanspruchungen in kg/cm²			
	a	b	c	d
	Beton auf Druck			
Handelszement: $W_{e28} \geqq 200$ kg/cm² und außerdem $W_{b28} \geqq 100$ kg/cm²	50	40	35	—
Hochwertiger Zement: $W_{e28} \geqq 275$ kg/cm² und außerdem $W_{b28} \geqq 130$ kg/cm²	60	50	40	—
In besonderen Fällen bei Nachweis der Würfelfestigkeit	$\sigma_{zul} = \frac{W_{b28}}{2}$	$\sigma_{zul} = \frac{W_{b28}}{2,5}$	$\sigma_{zul} = \frac{W_{b28}}{3,5}$	$\sigma_{zul} = \frac{W_{b28}}{5}$
	jedoch nicht mehr als			
$W_{b28} \geqq \nu \cdot \sigma_{zul}$ und außerdem $W_{e28} \geqq 250$ kg/cm²	70	60	45	40

Tafel III (Fortsetzung).

		Zulässige Beanspruchungen in kg/cm²			
		a	b	c	d
		Eisen (Stahl) auf Zug			
4	Eisen (Handelseisen)	1200	1200	1000	800
5	Stahl St 48 nur in Verbindung mit Beton nach 2 oder 3[1]	1500	1500	1250	1000

Bei Rahmen mit Plattenbalkenquerschnitt (Riegel) gilt sinngemäß die Spalte a nur dann, wenn die Biegungsdruckspannungen in den Steg fallen (Stützenmomente).

In Spalte b gehören Platten von 10—20 cm Stärke (ohne wesentliche Erschütterungen). — Da die Stützenquerschnitte von Balken und Plattenbalken der Spalte c in die Spalte b gehören, kann an diesen Stellen mit $\sigma_e = 1200$ gerechnet werden, wogegen im Felde gemäß der Spalte c nur ein $\sigma_e = 1000$ zulässig ist. Für die abgebogenen Eisen pflegen indessen Baupolizeibehörden $\sigma_e = 1200$ kg/cm² zuzulassen.

Unmittelbar starken Erschütterungen ausgesetzte Bauteile sind nach den Bestimmungen von 1916 Haupttreppen, Tanzsäle, Fabriken. Nach Punkt 47 ist hierbei ein Stoßzuschlag von 50% berücksichtigt. „Höhere Stoßzuschläge" sind geboten z. B. bei Maschinenfundamenten.

Nach Punkt 3 der Tafel III werden durch die Bestimmungen Bauwürfelfestigkeiten über 140 $(= 2 \cdot 70)$ bis 200 $(= 4 \cdot 50)$ kg/m² nicht gewürdigt.

49. Die Schubspannung τ_0 des Betons darf bei Handelszement 4 kg/cm², bei hochwertigem Zement 5,5 kg/cm² nicht überschreiten (vgl. Absatz 131—135).

50. Die zulässige Drehungsspannung des Betons ist für rechteckige Querschnitte gleich der Schubspannung $\tau_0 = 4$ kg/cm².

51. Die zulässige Haftspannung τ_1 (Gleitwiderstand) beträgt 5 kg/cm² (vgl. Absatz 136—138).

Wenn das Konstruktionsglied auf Schub und Drehung beansprucht wird, addieren sich die Spannungen (vgl. den Aufsatz des Verfassers: Torsionsbewehrung; Dtsch. Bauztg. 1922, Kon-

---

[1] **Da die eingeleiteten Versuche mit hochwertigem Zement in Verbindung mit Stahl noch nicht abgeschlossen sind, bleibt die Anwendung der in Ziffer 5 genannten Spannungen in Hochbauten zunächst nur auf Platten beschränkt.**

struktionsbeilage Heft Nr. 19). Wenn der Querschnitt nicht Rechteckquerschnitt ist, kann zur Ermittlung der Drehungsspannung eine eingeschriebene Ellipse benutzt werden (vgl. denselben Aufsatz). Ergeben sich aus Schub und Drehung Spannungen, die 4 kg/cm² überschreiten (aber unter 14 kg/cm² bleiben müssen), dann ist eine Schub- und Drehbewehrung erforderlich[1]. Die Erhöhung der zulässigen Schubspannung bei hochwertigem Zement gilt sinngemäß auch für normalen Zement, wenn damit die für hochwertige Zemente verlangte Würfelfestigkeit erreicht wird. Es sei hier angeregt, bei hochwertigen Beton auch die obere Grenze der Schubspannung (14 kg/cm²) entsprechend zu erhöhen.

2. Platten mit Hauptbewehrung nach einer Richtung; Rippendecken.

a) Platten.

Konstruktionsgrundsätze.

52. Die Nutzhöhe *h* der Platten mit Hauptbewehrung nach einer Richtung soll mindestens betragen bei beiderseits freier Auflagerung $^1/_{27}$ der Stützweite (vgl. Absatz 57—59), bei durchlaufenden oder eingespannten Platten $^1/_{27}$ der größten Entfernung der Momentennullpunkte. Falls diese Nullpunktsentfernung nicht nachgewiesen wird, kann sie zu $^4/_5$ der Stützweite angenommen werden.

Die Bestimmung ist in Abb. 11 dargestellt.

Für die Mindeststärke der Eisenbetondachplatten und untergehängter Decken im Verhältnis zur Stützweite gilt im Gegensatz zur Auslegung in den „Erläuterungen" von Gehler nach einer Mitteilung der Schriftleitung der Zeitschrift „Beton und Eisen" (1928, S. 286) der Erlaß vom 14. V. 1920, wonach die obige Vorschrift ($^1/_{27}\,l$) nur für belastete Decken und solche Dachdecken gilt, die für eine Nutzlast von 250 kg/m² oder mehr zu berechnen sind. Die übrigen Dachplatten sowie untergehängte Decken, die nur dem Abschluß dienen, oder nur zwecks Reinigung u. dgl. begangen werden, sind hiernach an diese Vorschrift nicht gebunden.

[1] Einfache allgemeine Formeln für die Drehbewehrung sind im Aufsatz „Torsionsbewehrung" des Verfassers im Zentralbl. d. Bauverw. 1921, S. 525 und in der Dt. Bauzg., Mitteilungen 1922, Nr. 19, sowie 1923, Nr. 1 enthalten.

53. Die Mindeststärke *d* der Platten ist 8 cm. Ausgenommen hiervon sind Dachplatten, Rippendecken (vgl. Absatz 74—79) oder untergehängte Decken, die nur zum Abschluß dienen oder nur zwecks Reinigung u. dgl. begangen werden, sowie fabrikmäßig hergestellte (vgl. Absatz 12) fertig verlegte Eisenbetonplatten.

Für Dachplatten (mit einer geringeren Belastung als 250 kg/m² und untergehängte Decken gibt der unter Absatz 52 angeführte Erlaß eine Mindeststärke von 5 cm an; vgl. Abb. 11.

54. Die Trageisen in Decken-, Dach- und Fahrbahnplatten dürfen in der Gegend der größten Momente im Felde höchstens 15 cm voneinander entfernt sein.

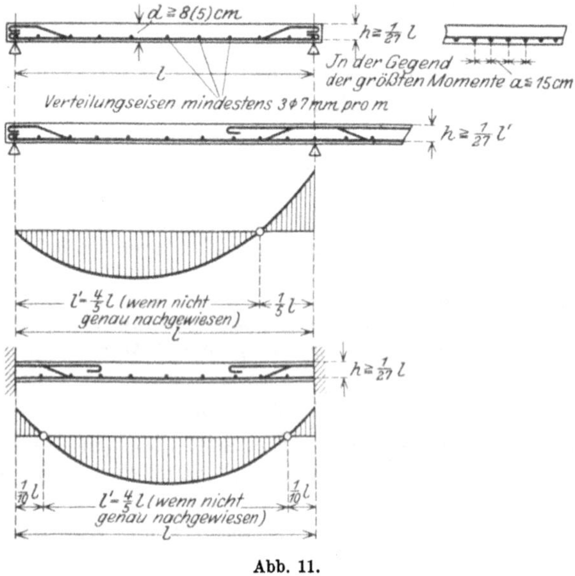

Abb. 11.

Vgl. Abb. 11. Auf Eisenbetonwandplatten bezieht sich diese Vorschrift nicht.

55. An Verteilungseisen sind auf 1 m Tiefe mindestens 3 Rundeisen von 7 mm Stärke oder eine größere Anzahl dünnerer Eisen mit gleichem Gesamtquerschnitt vorzusehen.

Vgl. Abb. 11. Nach der Vorschrift sind also auch 4 ⌀ 6 mm oder 6 ⌀ 5 mm pro m zulässig.

56. Die aufgebogenen Eisen durchlaufender Platten sollen, soweit sie als Zugeisen für die negativen Momente wirken, genügend

weit ins Nachbarfeld, bei annähernd gleicher Feldweite durchschnittlich bis auf $^1/_5$ der Stützweite eingreifen, sofern die Aufnahme der Momente nicht genau nachgewiesen wird.

Also gemäß der Abb. 12.

Die Aufbiegungen von Platten sollen, um einen größeren Schubbereich zu bestreichen, nicht unter 45°, sondern flacher (etwa 1 : 2) erfolgen.

Schubspannungsnachweis wird bei Platten nicht verlangt, da die Schubspannung in der Regel unter der zulässigen Grenze bleibt. Läßt eine besondere Belastungsart (z. B. Einzellasten, vgl. Abs. 72) höhere Schubspannungen vermuten, dann ist ein Nachweis zu empfehlen, und es sind im Sinne der Steindeckenbestimmungen (Abs. 196) die Schubspannungen im Bereiche der höheren Werte vollständig durch Eisen aufzunehmen.

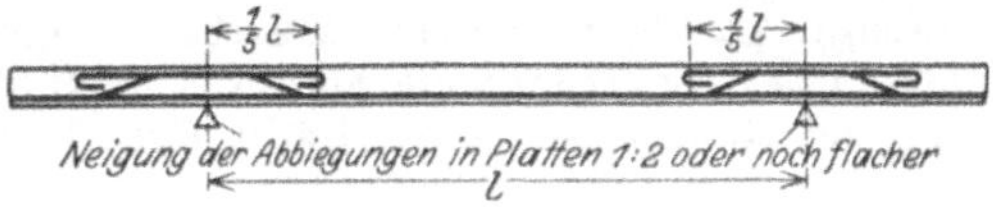

Abb. 12.

Ob eine durchgehende obere Bewehrung erforderlich ist, entscheidet sich nach Absatz 71.

Ermittlung der äußeren Kräfte.

Die Stützweite ist

57. bei beiderseits frei aufgelagerten oder eingespannten Platten gleich der Lichtweite zuzüglich der Plattenstärke in Feldmitte.

58. bei durchlaufenden Platten gleich der Entfernung der Auflagermitten oder der Achsen der stützenden Unterzüge.

59. Ist die Länge eines Auflagers geringer als die Plattenstärke in Feldmitte, so ist seine Sicherheit besonders nachzuweisen.

Die Vorschrift ist auf Abb. 13 dargestellt.

Als Nachweis für eine ausreichende Auflagerlänge kann die Innehaltung der zulässigen Auflagerdruckspannung nach der Formel $\frac{N}{F}$ (Auflagerdruck durch Auflagerfläche) nicht gelten, da sich hieraus konstruktiv unzulässig kleine Auflagerl ngen ergeben könnten. (Für eine auf Mauerwerk gelagerte Decken-

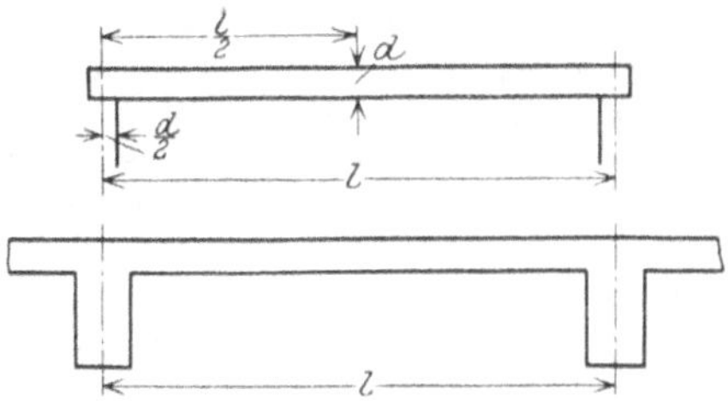
Abb. 13.

platte mit $l = 2{,}00$ m, $q = 500$ kg/m² würde sich z. B. nach obiger Formel bei Innehaltung einer zulässigen Mauerwerkspressung von 10 kg/cm² eine Auflagerlänge von nur 0,5 cm nachweisen lassen!) Es sei deshalb vorgeschlagen, als Auflagerlänge mindestens $\frac{d}{2}$ zu verlangen.

60. Die Momente durchlaufender Platten sind im allgemeinen für die ungünstigste Laststellung nach den Regeln für frei drehbar gelagerte durchlaufende Träger zu bestimmen.

61. Negative Feldmomente. Bei durchlaufenden Platten zwischen Eisenbetonträgern brauchen wegen des Verdrehungswiderstandes der Träger die negativen Feldmomente aus veränderlicher Belastung nur mit der Hälfte ihres Wertes berücksichtigt zu werden.

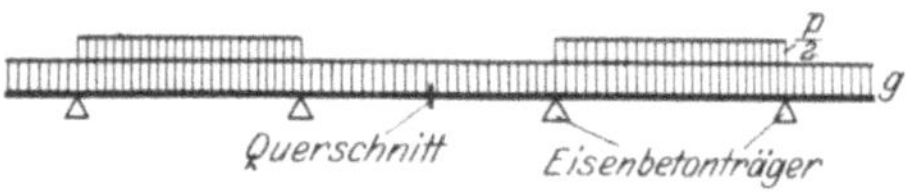

Abb. 14.

Das Belastungsbild für die negativen Feldmomente zeigt Abb. 14.

62. Mindestwert für positive Feldmomente. Ergibt sich auf Grund der für durchlaufende Tragwerke geltenden Beziehungen für das größte positive Feldmoment ein kleinerer Wert, als bei voller beiderseitiger Einspannung eintreten würde, so ist der Querschnittsberechnung der für beiderseitige volle Einspannung geltende Wert des Feldmomentes zugrunde zu legen.

Bei gleichmäßig verteilter Last und gleichbleibendem Trägheitsmoment $\frac{q l^2}{24}$.

63. Berücksichtigung der Einspannung. Bei Berechnung des Moments in den Feldmitten darf eine Einspannung an Endauflagern nur so weit berücksichtigt werden, als sie durch bauliche Maßnahmen gesichert und rechnerisch nachweisbar ist.

64. Wenn freie Auflagerung im Mauerwerk angenommen wird, muß gleichwohl durch obere Eiseneinlagen und einen ausreichenden Betonquerschnitt an der Unterseite einer doch vorhandenen, unbeabsichtigten Einspannung Rechnung getragen werden; dies ist namentlich bei Rippendecken mit oder ohne Ausfüllung der Zwischenräume zu beachten.

Die Einspannung im Mauerwerk verursacht das Spannungsbild nach Abb. 15, falls die Platte um weniger als die halbe Mauerdicke eingreift; σ darf den für das Mauerwerk zulässigen Wert nicht überschreiten. Näheres hierüber s. Mörsch: Der Eisenbetonbau II. Band, 1. Liefg., S. 132; Stuttgart: Wittwer 1924. Zur Aufnahme einer unbeabsichtigten Einspannung genügt erfahrungsgemäß die aufgebogene Hälfte der unteren Bewehrungseisen. Um hierbei die negativen Momente genügend weit ins Feld hinein zu decken, ist zu empfehlen, nicht an einer einzigen Stelle in der Nähe der Auflagerung, sondern an zwei Stellen die Eisen abzubiegen (vgl. Abb. 15).

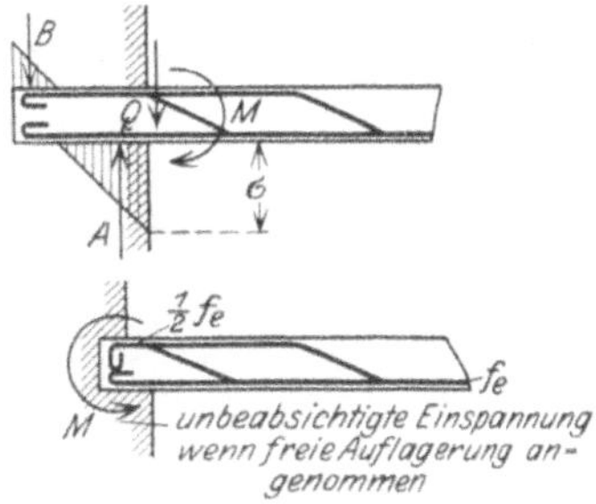

Abb. 15.

65. In dem Sonderfall gleicher Stützweiten oder auch ungleicher Stützweiten, bei denen die kleinste noch mindestens 0,8 der größten ist, dürfen in Hochbauten bei gleichmäßig verteilter Belastung q die Momente durchlaufender Platten wie folgt berechnet werden:

Positive Feldmomente.

66. Bei Decken mit Auflagerverstärkungen, deren Breite mindestens $^1/_{10}\, l$ und deren Höhe mindestens $^1/_{30}\, l$ (Abb. 16) beträgt,

in den Endfeldern $\max M = \frac{1}{12} \cdot q \cdot l^2$, (2)

in den Innenfeldern $\max M = \frac{1}{18} \cdot q \cdot l^2$. (3)

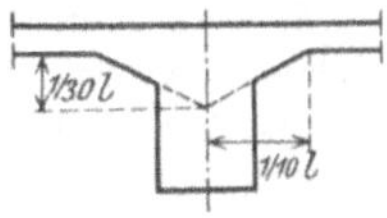

Abb. 16.
(Bestimmungen.)

67. Sind keine oder kleinere Auflagerverstärkungen vorhanden, so sind die entsprechenden Momente zu erhöhen auf

$$\frac{1}{11} \cdot q \cdot l^2 \text{ bzw. } \frac{1}{15} \cdot q \cdot l^2 .$$

Stützenmomente.

68. Bei Platten über nur zwei Feldern $M_s = -\frac{1}{8} \cdot q \cdot l^2$; (4)

69. bei Platten mit drei oder mehr Feldern

an der Innenstütze des Randfeldes $M_s = -\frac{1}{9} \cdot q \cdot l^2$; (5)

70. an den übrigen Innenstützen $M_s = -\frac{1}{10} \cdot q \cdot l^2$. (6)

Negative Feldmomente.

71. $$\min M = \frac{l^2}{24} \cdot \left(g - \frac{p}{2}\right). \quad (7)$$

72. Einzellasten oder Streckenlasten (Abb. 17 u. 18). Platten von der Stützweite l mit oder ohne verteilende Deckschicht von der Stärke s, die Einzellasten oder Streckenlasten (z. B. Raddrücke oder Maschinenfüße) aufzunehmen haben, sind bei Laststellung in Plattenmitte zu berechnen wie plattenförmige Balken von der Breite

$$b_1 = \frac{2}{3} \cdot l \text{ oder } b_1 = t_2 + 2s.$$

Bei Laststellung am Auflager beträgt die zulässige Breite

$$b_2 = \frac{1}{3} \cdot l \quad \text{oder} \quad t_2 + 2s.$$

In beiden Fällen ist das größere der beiden Maße zu wählen. Zwischenwerte für b bei anderen Laststellungen sind angemessen einzuschalten.

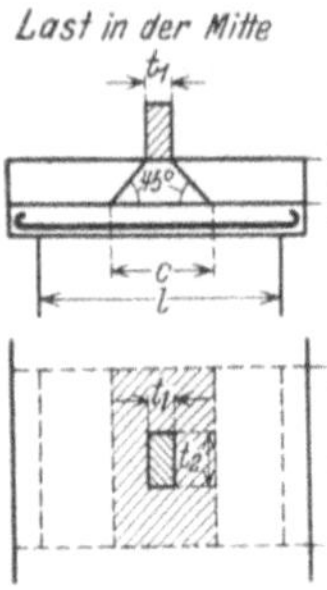

Abb. 17.
(Bestimmungen.)

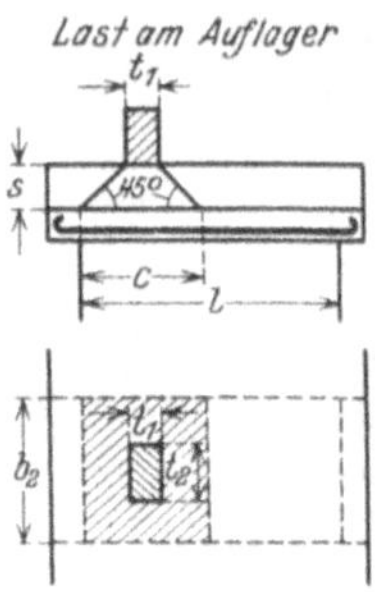

Abb. 18.
(Bestimmungen.)

In der Richtung der Zugeisen ist eine Lastverteilung auf die Länge $c = t_1 + 2s$ zulässig.

Es wird angenommen, daß sich die Einzellast oder Streckenlast gleichmäßig auf die Fläche $b_1 \cdot c$ bzw. $b_2 \cdot c$ verteilt.

In den Erläuterungen von Gehler wird empfohlen, mit b_1 nicht über 2,50 m zu gehen, und als Verteilungseisen in der Querrichtung oben $^1/_3$, unten $^1/_4$ der Tragstäbe zu verlegen.

73. Stützkräfte durchlaufender Deckenplatten. Bei Ermittlung der Lasten, die von durchlaufenden Platten auf die sie stützenden Balken oder Mauern übertragen werden, dürfen die Kontinuitätswirkungen vernachlässigt werden. Das Belastungsfeld eines Deckenbalkens kann mithin bei gleichmäßig verteilter Belastung beiderseits bis zur Mitte der anstoßenden Deckenfelder gerechnet werden.

b) Eisenbetonrippendecken.

Konstruktionsgrundsätze.

74. Eisenbetonrippendecken[1]. Unter Eisenbetonrippendecken werden (aufgelöste) Decken mit höchstens 70 cm lichtem Rippenabstand verstanden, die zur Erzielung der ebenen Unteransicht statisch unwirksame Hohlstein- oder andere Füllkörpereinlagen enthalten können.

[1] Für die Steineisendecken, d. h. mit Eisen bewehrte Steindecken mit oder ohne Betondruckschicht, bei denen die Steine zur Aufnahme von Druckspannungen herangezogen werden und die Betonschicht 5 cm Stärke nicht erreicht, gelten die „Bestimmungen für Ausführung ebener Steindecken" (s. Abschnitt B).

Hierher gehören auch Steineisendecken, deren Betondruckschicht > 5 cm (vgl. Fußnote und Abs. 164).

75. Die Stärke der Druckplatte muß mindestens $^1/_{10}$ des lichten Rippenabstandes und darf nicht kleiner als 5 cm sein.

In dem unter Absatz 52 genannten Erlaß ist für Dachdecken mit weniger als 250 kg/m² Nutzlast sowie für untergehängte Decken, die nur dem Abschluß dienen oder nur zwecks Reinigung u. dgl. begangen werden, eine Mindestplattenstärke von 3 cm für die Rippendecke zugelassen. Sinngemäß beträgt hierbei der größte lichte Rippenabstand 30 cm.

76. In der Druckplatte quer zu den Rippen sind auf 1 m Tiefe mindestens 3 Rundeisen von 7 mm Stärke anzuordnen. In den Rippen müssen Bügel liegen, wenn der lichte Rippenabstand größer wird als 40 cm.

Die Abmessungen veranschaulicht Abb. 19.

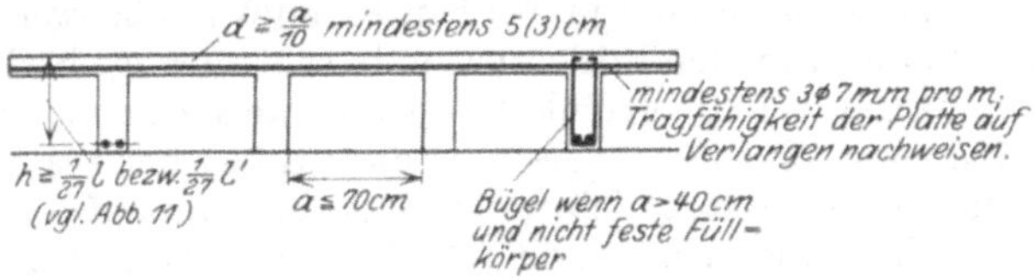

Abb. 19.

77. Die Decken müssen zur Lastverteilung Querrippen von der Stärke und Bewehrung der Tragrippen erhalten, und zwar bei Deckenstützweiten von 4 bis 6 m eine Querrippe, bei Stützweiten über 6 m mindestens zwei. Bestehen die Füllkörper aus gebrannten Hohlsteinen oder gleich festen anderen Baustoffen, so sind Bügel und lastverteilende Querrippen entbehrlich.

Über die Anordnung von Querrippen s. Abb. 20.

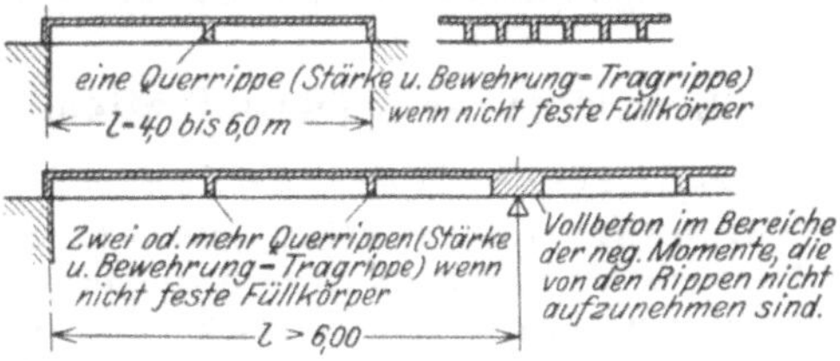

Abb. 20.

78. Die Mindestnutzhöhe der Rippendecken ist die gleiche wie bei vollen Eisenbetonplatten (vgl. Absatz 52).

Ermittlung der äußeren Kräfte.

79. Werden in Eisenbetondecken Hohlsteine oder Füllkörper eingelegt (vgl. Absatz 74—78 nebst Fußnote), so dürfen sie zur Spannungsübertragung nicht mit herangezogen werden. Die Tragfähigkeit der Eisenbetonplatte zwischen den Rippen ist auf Anfordern nachzuweisen. Durchlaufende Hohlsteindecken müssen im Bereiche der negativen Momente, die von den Rippen nicht mehr aufzunehmen sind, aus vollem Beton hergestellt werden.

Vollbeton soll grundsätzlich auch über den Auflagerflächen der Rippendecken angeordnet werden (vgl. Abb. 20) zur gleichmäßigen Lastverteilung und um evt. darüberliegendes Mauerwerk mit Sicherheit aufzunehmen.

Über die Schubsicherung von Rippendecken ist in den Bestimmungen (mit Ausnahme der Verbügelungsvorschrift in Abs. 76) nichts enthalten, es sei hier daher folgende Berechnungsweise angeregt:

Die Schubspannungen in den Rippen sind nachzuweisen, wobei die Mitwirkung der Füllkörper unberücksichtigt bleibt. Die Schubsicherung erfolgt grundsätzlich wie für Balken in den Abs. 131—135 vorgeschrieben. Bestehen die Füllkörper aus gebrannten Hohlsteinen oder gleich festen anderen Baustoffen, so tritt eine Erleichterung insofern ein, als die Schubspannungen nicht auf der ganzen betreffenden Feldseite, sondern nur im Bereich der höheren Werte vollständig durch Eisen aufzunehmen sind (vgl. die sinngemäße Vorschrift bei den Steindecken im Abs. 196).

c) Decken aus fertig verlegten Eisenbetonteilen.

80. Die vorstehenden Bestimmungen gelten auch für Decken aus nebeneinandergereihten balkenartigen Einzelgliedern, die in den Fugen in voller Höhe wirksam verbunden sind. Bezüglich der Nutzhöhe gelten die Bestimmungen über Balken und Platten.

3. Kreuzweise bewehrte Platten.

Konstruktionsgrundsätze.

81. Die Nutzhöhe h kreuzweise bewehrter Platten muß mindestens betragen bei beiderseits freier Auflagerung $1/30$ der kürzeren Stützweite (vgl. Absatz 82—89), bei durchlaufenden oder eingespannten Platten $1/30$ der größten Entfernung der Momentennullpunkte, mindestens aber $1/40$ der Stützweite.

Bei allseitig freier Auflagerung ist unter Nutzhöhe h der Abstand des Schwerpunktes der in der kürzeren Richtung laufenden gezogenen Eisen (in der Regel die unteren Eiseneinlagen) vom gedrückten Rand zu verstehen. Bei durchlaufenden oder eingespannten Platten wird in der Regel ebenfalls die kürzere Spannweite bzw. die Entfernung der Momenten-Nullpunkte in der kürzeren Richtung mit der zugehörigen Nutzhöhe zu vergleichen sein. Ist aber die Platte nach der kürzeren x-Richtung z. B. frei gelagert, nach der längeren y-Richtung jedoch durchlaufend oder eingespannt, dann kann es bei annähernd quadratischen Feldern vorkommen, daß die Entfernung der Momenten-Nullpunkte in der y-Richtung kleiner ist als die kürzere Stützweite (l_x). In solchen Fällen soll dann die Nutzhöhe $\frac{1}{30}$ der Nullpunktentfernung in der y-Richtung betragen, wobei als Nutzhöhe der Abstand zwischen den in der y-Richtung laufenden Eisen und dem Druckrand gilt.

Falls die größte Nullpunktsentfernung nicht nachgewiesen wird, kann auch hier, wie bei den Platten mit Hauptbewehrung, nach einer Richtung $^4/_5$ der Stützweite gesetzt werden (Abb. 21).

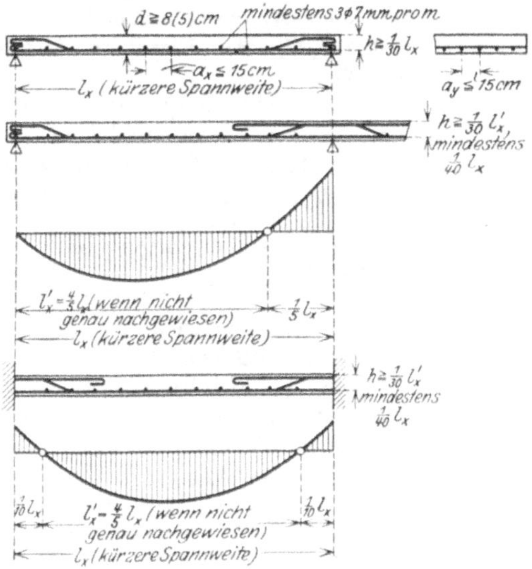

Abb. 21.

Dachplatten sowie untergehängte Decken sind an diese Vorschrift nicht gebunden (vgl. Absatz 52).

Für die Mindeststärke, den Trageisenabstand, die Verteilungseisen und aufgebogenen Eisen gelten dieselben Vorschriften, wie bei den Platten mit Hauptbewehrung nach einer Richtung. Die betreffenden Absätze 53—56 seien im folgenden (einschließlich der zugehörigen Bemerkungen) nochmals wiedergegeben.

53. Die **Mindeststärke** d der Platten ist 8 cm. Ausgenommen hiervon sind Dachplatten, Rippendecken (vgl. Absatz 74

bis 79) oder untergehängte Decken, die nur zum Abschluß dienen oder nur zwecks Reinigung u. dgl. begangen werden, sowie fabrikmäßig hergestellte (vgl. Absatz 12) fertig verlegte Eisenbetonplatten.

Für Dachplatten (mit einer geringeren Belastung als 250 kg/m² und untergehängte Decken gibt der unter Absatz 52 angeführte Erlaß eine Mindeststärke von 5 cm an; vgl. Abb. 21.

54. Die Trageisen in Decken-, Dach- und Fahrbahnplatten dürfen in der Gegend der größten Momente im Felde höchstens 15 cm voneinander entfernt sein.

Vgl. Abb. 21. Auf Eisenbetonwandplatten bezieht sich diese Vorschrift nicht.

55. An Verteilungseisen sind auf 1 m Tiefe mindestens 3 Rundeisen von 7 mm Stärke oder eine größere Anzahl dünnerer Eisen mit gleichem Gesamtquerschnitt vorzusehen.

Vgl. Abb. 21. Nach der Vorschrift sind also auch 4 ⌀ 6 mm oder 6 ⌀ 5 mm pro m zulässig.

Bei kreuzweise bewehrten Platten hat diese Verordnung für eine Mindestbewehrung nur dann Sinn, wenn sich rechnerisch in einer Richtung zu wenig Eiseneinlagen ergeben würden.

56. Die aufgebogenen Eisen durchlaufender Platten sollen, soweit sie als Zugeisen für die negativen Momente wirken, genügend weit ins Nachbarfeld, bei annähernd gleicher Feldweite durchschnittlich bis auf $^1/_5$ der Stützweite eingreifen, sofern die Aufnahme der Momente nicht genau nachgewiesen wird.

Also gemäß der Abb. 12.

Die Aufbiegung von Platten sollen, um einen größeren Schubbereich zu bestreichen, nicht unter 45°, sondern flacher (etwa 1:2) erfolgen.

Schubspannungsnachweis wird bei Platten nicht verlangt, da die Schubspannung in der Regel unter der zulässigen Grenze bleibt. Läßt eine besondere Belastungsart (z. B. Einzellasten, vgl. Abs. 72) höhere Schubspannungen vermuten, dann ist ein Nachweis zu empfehlen und es sind im Sinne der Steindeckenbestimmungen (Abs. 196) die Schubspannungen im Bereiche der höheren Werte vollständig durch Eisen aufzunehmen.

Ob eine durchgehende obere Bewehrung erforderlich ist, entscheidet sich nach Absatz 71.

Ermittlung der äußeren Kräfte.

82. Rechteckige kreuzweise bewehrte Platten, die ringsum frei aufliegen oder eingespannt sind oder sich über mehrere Felder erstrecken, sind, wenn nicht eine genaue Untersuchung auf Grund der Plattentheorie (z. B. mittels Reihenentwicklung oder Anwendung der Gewebetheorie) durchgeführt wird, durch zwei Scharen von

Längs- und Querstreifen zu ersetzen, die je nach den vorliegenden Auflagerbedingungen als einfache oder eingespannte oder durchlaufende Träger zu berechnen sind. Für die Stützweite gilt die Angabe unter Absatz 57—59.

83. Unter der Voraussetzung, daß die Ecken der Platten gegen Abheben gesichert sind, können, wenn die Platten nicht mehr als doppelt so lang wie breit sind, für den Spannungsnachweis die von Marcus[1] angegebenen Gleichungen benutzt werden.

84. Bei gleichförmig verteilter Belastung dürfen insbesondere die folgenden Gleichungen der Querschnittsbemessung zugrunde gelegt werden, wobei die Platte durch einen Rost von Längs- und Querbalken (Streifen) ersetzt gedacht ist.

85. Bezeichnungen:

l_x = **Stützweite der Streifen in der x-Richtung,**
q_x = **Lastanteil der Streifen in der x-Richtung,**
M_x = **Biegungsmomente der Streifen in der x-Richtung,**
l_y = **Stützweite der Streifen in der y-Richtung,**
q_y = **Lastanteil der Streifen in der y-Richtung,**
M_y = **Biegungsmomente der Streifen in der y-Richtung.**

86. Grenzfall der ringsum frei aufliegenden Platten (Abb. 22).

Lastanteile:

$$\left.\begin{aligned} q_x &= q \cdot \frac{l_y^4}{l_x^4 + l_y^4}, \\ q_y &= q \cdot \frac{l_x^4}{l_x^4 + l_y^4}. \end{aligned}\right\} \quad (8)$$

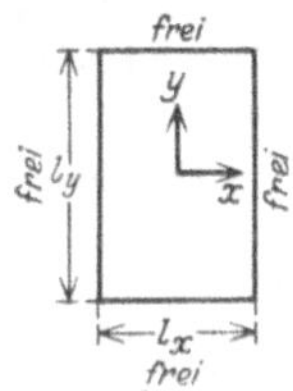

Abb. 22. (Bestimmungen.)

Feldmomente:

$$\left.\begin{aligned} M_x &= q_x \cdot \frac{l_x^2}{8} \cdot \nu_a, \\ M_y &= q_y \cdot \frac{l_y^2}{8} \cdot \nu_a. \end{aligned}\right\} \quad (9)$$

Hierbei ist

$$\nu_a = 1 - \frac{5}{6} \cdot \frac{l_x^2 \cdot l_y^2}{l_x^4 + l_y^4}.$$

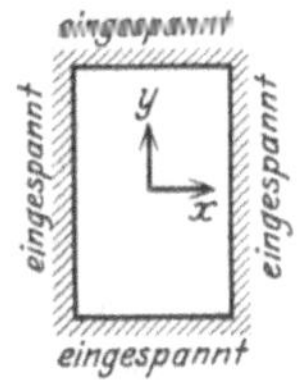

Abb. 23. (Bestimmungen.)

87. Grenzfall der ringsum eingespannten Platten (Abb. 23).

Lastanteile:

$$q_x = q \cdot \frac{l_y^4}{l_x^4 + l_y^4}, \qquad q_y = q \cdot \frac{l_x^4}{l_x^4 + l_y^4}. \quad (10)$$

---

[1] Vgl. Marcus: Die vereinfachte Berechnung biegsamer Platten, 2. Aufl. Berlin: Julius Springer 1929.

Feldmomente:

$$\left.\begin{aligned} M_x &= + q_x \cdot \frac{l_x^2}{24} \cdot \nu_b\,, \\ M_y &= + q_y \cdot \frac{l_y^2}{24} \cdot \nu_b\,. \end{aligned}\right\} \qquad (11)$$

Hierbei ist:

$$\nu_b = 1 - \frac{5}{18} \cdot \frac{l_x^2 \cdot l_y^2}{l_x^4 + l_y^4}\,.$$

Einspannungsmomente:

$$\left.\begin{aligned} M_x &= - q \cdot \frac{l_x^2}{12} \cdot \frac{l_y^4}{l_x^4 + l_y^4}\,, \\ M_y &= - q \cdot \frac{l_y^2}{12} \cdot \frac{l_x^4}{l_x^4 + l_y^4}\,. \end{aligned}\right\} \qquad (12)$$

88. Der in den Gleichungen für die Feldmomente auftretende Faktor ν berücksichtigt die Wirkung der Drillungsmomente. Die obigen Werte für ν dürfen nur dann eingesetzt werden, wenn für die Aufnahme der Drillungsmomente durch Bewehrungseisen Sorge getragen ist, andernfalls ist $\nu = 1$ zu setzen.

89. Wenn die Ecken der Platten gegen Abheben nicht gesichert sind, so ist in den Gleichungen für die Feldmomente $\nu = 1$ zu setzen.

Da die obigen Bestimmungen nur für zwei Grenzfälle Formeln enthalten und auch sonstige Fragen offen lassen, sei auf die Berechnung kreuzweise bewehrter Platten im folgenden näher eingegangen[1]:

Das im Absatz 82 angegebene Ersetzen der Platte durch zwei Scharen von Längs- und Querstreifen beruht auf folgendem Grundgedanken:

Hat die Platte (Abb. 24) eine gleichmäßig verteilte Belastung q zu tragen, dann wird angenommen, daß die in der x-Richtung verlaufenden Plattenstreifen mit der Einheitsbreite den gleichmäßig verteilten Belastungsanteil q_x übernehmen, die in der y-Richtung verlaufenden Streifen den Belastungsanteil q_y, wobei $q_x + q_y = q$. Zur Bestimmung der Lastanteile q_x und q_y denkt man sich von der Platte in deren Mittelachsen nach beiden Richtungen Plattenstreifen mit der Einheitsbreite heraus-

[1] Für die unter Absatz 82 erwähnte genaue Untersuchung nach der Gewebetheorie vgl. das Buch „Die Theorie elastischer Gewebe und ihre Anwendung auf die Berechnung biegsamer Platten“ von Dr.-Ing. Marcus; Berlin: Julius Springer 1924.

geschnitten (in der Abb. 24 schraffiert), ermittelt die Durchbiegung δ_x in der Mitte des in der x-Richtung verlaufenden Streifens den Auflagerungsbedingungen entsprechend als Funktion der unbekannten Belastung q_x und δ_y in der Mitte des y-Streifens als Funktion von q_y $(= q - q_x)$. Die Gleichsetzung der beiden Durchbiegungen $(\delta_x = \delta_y)$ liefert die Bedingungsgleichung zur Bestimmung von q_x und q_y.

Nachdem q_x und q_y bekannt sind, können die Biegungsmomente $\mathfrak{M}_x$ und $\mathfrak{M}_y$ den Auflagerbedingungen entsprechend

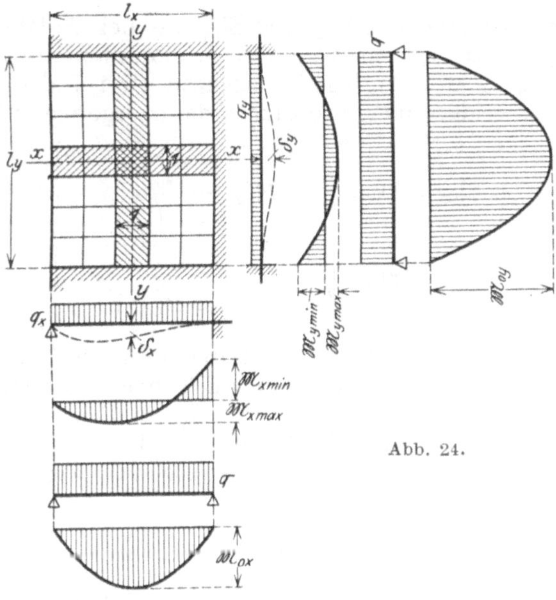

Abb. 24.

(frei aufliegend, einseitig oder beiderseits eingespannt) nach beiden Richtungen ermittelt werden.

Für das Verhältnis der Belastungsanteile q_x und q_y zueinander gilt im allgemeinen (nach Gehler: Erläuterungen)

$$\frac{q_x}{q_y} = \frac{\alpha_y\, l_y^4}{\alpha_x\, l_x^4} = C\,\frac{l_y^4}{l_x^4}\,, \tag{13}$$

die Belastungsanteile sind also mit der vierten Potenz der zugehörigen Spannweite und mit einem den Auflagerbedingungen entsprechenden Beiwert α umgekehrt proportional. Die Belastungsanteile ergeben sich daraus (und aus der Bedingung $q_x + q_y = q$) wie folgt:

$$\left.\begin{aligned} q_x &= q\frac{C\left(\frac{l_y}{l_x}\right)^4}{1 + C\left(\frac{l_y}{l_x}\right)^4}, \\ q_y &= q\frac{1}{1 + C\left(\frac{l_y}{l_x}\right)^4}. \end{aligned}\right\} \quad (14)$$

Bezeichnet man mit $\mathfrak{M}_{xq}$ und $\mathfrak{M}_{yq}$ die bei Vollbelastung nach beiden Richtungen ermittelten Streifenmomente unter Berücksichtigung der Auflagerbedingungen (frei aufliegend, einseitig oder beiderseits eingespannt), dann ergeben sich

$$\left.\begin{aligned} \mathfrak{M}_x &= \mathfrak{M}_{xq}\frac{q_x}{q} = \mathfrak{M}_{xq}\frac{C\left(\frac{l_y}{l_x}\right)^4}{1 + C\left(\frac{l_y}{l_x}\right)^4}; \\ \mathfrak{M}_y &= \mathfrak{M}_{yq}\frac{q_y}{q} = \mathfrak{M}_{yq}\frac{1}{1 + C\left(\frac{l_y}{l_x}\right)^4}. \end{aligned}\right\} \quad (15)$$

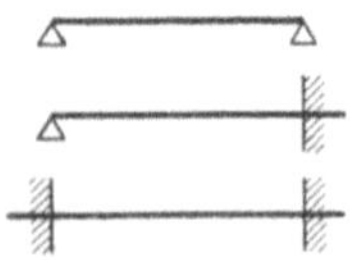
Abb. 25.

Die Werte α bedeuten die Verhältniszahlen für die Durchbiegungen in beiden Richtungen für den Fall, daß $l_x = l_y$, und betragen für die in Abb. 25 dargestellten drei Lagerungsarten 5 (beiderseits frei aufliegend), 2 (einseitig ein-

Tafel IV.

	C	In Richtung l_x: beiderseits frei $\alpha_x = 5$	In Richtung l_x: einseitig eingespannt $\alpha_x = 2$	In Richtung l_x: beiderseits eingespannt $\alpha_x = 1$
In Richtung l_y	beiderseits frei $\alpha_y = 5$	1	$\frac{5}{2}$	5
In Richtung l_y	einseitig eingespannt $\alpha_y = 2$	$\frac{2}{5}$	1	2
In Richtung l_y	beiderseits eingespannt $\alpha_y = 1$	$\frac{1}{5}$	$\frac{1}{2}$	1

gespannt) und 1 (beiderseits eingespannt). Für den Wert $C = \frac{\alpha_y}{\alpha_x}$ gelten daher bei Kombination der verschiedenen Lagerungsarten nach den beiden Richtungen die Werte der vorstehenden Tafel IV.

Die größten Biegungsmomente für die 3 Fälle nach Abb. 25 sind (für die Vollbelastung q):

$$\left.\begin{array}{lll} \text{bei beiderseits freier Lagerung} & \mathfrak{M} = \frac{q\,l^2}{8}\,; & \\ \text{bei einseitiger Einspannung} & \mathfrak{M}_F = \frac{9}{128}\,q\,l^2; & \mathfrak{M}_S = -\frac{q\,l^2}{8}\,; \\ \text{bei beiderseitiger Einspannung} & \mathfrak{M}_F = \frac{q\,l^2}{24}\,; & \mathfrak{M}_S = -\frac{q\,l^2}{12}\,. \end{array}\right\} \quad (16)$$

In der Abb. 24 ist als Beispiel eine an drei Seiten eingespannte, an einer Seite frei gelagerte Platte dargestellt. Für diese Lagerungsart ist aus der Tafel $C = \frac{1}{2}$ zu entnehmen.

Für den obigen Rechnungsgang sind in dem unter Abs. 83 (Anm.) genannten Heft von Marcus fertige Formeln enthalten.

Wenn die Längs- und Querstreifen durchlaufende Träger darstellen (unvollkommene Einspannung an den Plattenrändern) kann, nach dem Vorschlage von Marcus (vgl. das soeben genannte Heft) wie folgt gerechnet werden.

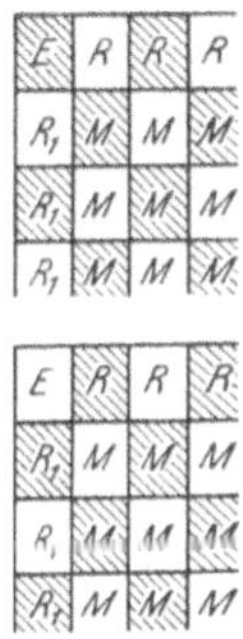

Abb. 26.

Für die ständige Belastung g sämtlicher Felder kann der vorhin beschriebene Rechnungsgang beschritten werden, da an denjenigen Plattenrändern, wo Nachbarfelder anschließen, vollkommene Einspannung angenommen werden darf.

Für die veränderliche Belastung p ergeben sich die größten Feldmomente bei schachbrettartiger Anordnung der Last (Abb. 26). Die gleichen Spannungen treten auch auf, wenn zunächst alle Felder mit $\frac{p}{2}$ und sodann die schraffierten Felder mit $+\frac{p}{2}$, die nichtschraffierten mit $-\frac{p}{2}$ belastet werden. Für die erste Belastungsstufe $\left(\text{Vollbelastung mit } \frac{p}{2}\right)$ gilt dasselbe wie für g, es kann auch hierfür der obige Rechnungsgang Verwendung finden. Bei der zweiten Stufe verhält sich jedes Feld wie eine einzelne, von jedem Zusammenhang mit den Nachbarfeldern losgelöste, ringsum frei aufliegende und mit $\pm\frac{p}{2}$ gleichmäßig belastete Platte, da die Endverdrehungswinkel an den Rändern gleich groß, aber gegeneinander gerichtet sind (Abb. 27), so daß hierfür der Spezialfall der ringsum frei aufliegenden Platte nach obigem Rechnungsgang verwendet werden darf.

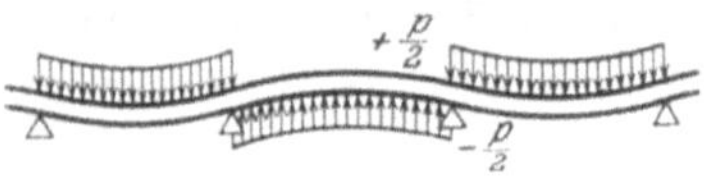

Abb. 27

Es werden also zunächst die Momente $\mathfrak{M}_x^I$ und $\mathfrak{M}_y^I$ mit der Belastung $g + \frac{p}{2}$ (statt q) nach obigem Rechnungsgang je nach den Auflagerbedingungen für die beiderseits frei gelagerten, einseitig eingespannten oder beiderseitig eingespannten Plattenstreifen gebildet. Hinzu kommen die Momente $\pm \mathfrak{M}_x^{II}$ und $\pm \mathfrak{M}_y^{II}$, die sich durch die Belastung mit $\pm \frac{p}{2}$ unter der Annahme einer ringsum frei aufliegenden Platte nach obigem Rechnungsgang ergeben.

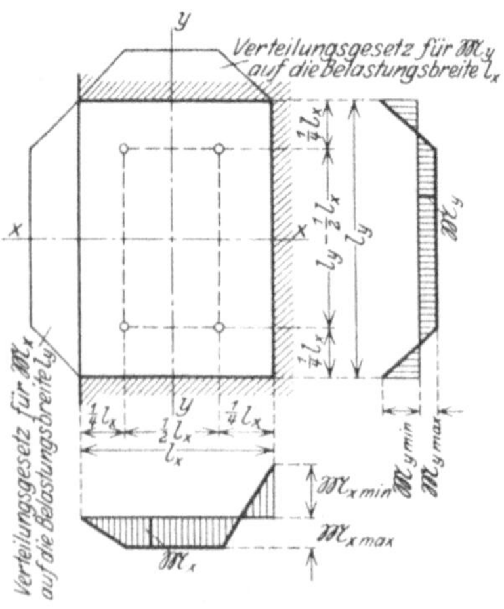

Abb. 28.

Zur Bestimmung der Stützenmomente ist es nicht nötig, eine Unterscheidung zwischen g und p zu machen. Hierfür gelten also die nach dem obigen Rechnungsgang für die Belastung $g + p = q$ ermittelten Einspannungsmomente. Wenn sich an einer gemeinsamen Plattenkante von beiden Seiten verschiedene Einspannmomente ergeben, kann der Mittelwert genommen werden.

Die nach obigen Gesichtspunkten berechneten Momente gelten für den mittleren Plattenteil. In der Nähe der Ränder nehmen die Momente der mit den Rändern parallel laufenden Streifen ab. Die Verteilung der Momente auf die Belastungsbreite zeigt Abb. 28.

Die Auflagerdrücke an den Rändern ergeben sich aus den durch die Winkelhalbierenden herausgeschnittenen Teilflächen (Abb. 29) wie folgt:

$$V_x = \frac{q\,l_x\,l_y}{2}\left(1 - \frac{l_x}{2\,l_y}\right), \qquad V_y = \frac{q\,l_x^2}{4}. \tag{17}$$

Damit ist auch das Lastverteilungsgesetz auf den Auflagerlinien (Dreieck auf l_x, Trapez auf l_y) gegeben.

Für den Fall einer Einzellast Q in Plattenmitte gestaltet sich der Rechnungsgang (nach dem genannten Heft von Marcus) für die ringsum frei aufliegende Platte wie folgt:

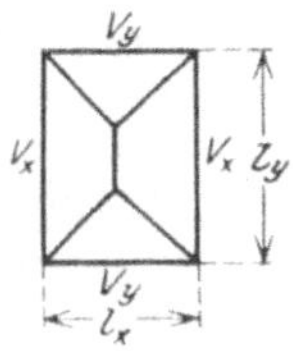

Abb. 29.

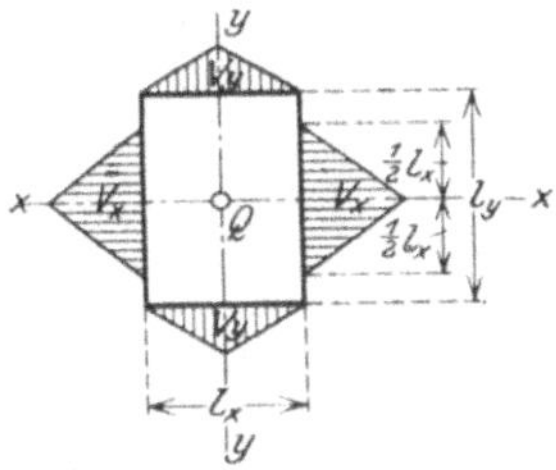

Abb. 30.

Die Auflagerdrücke V_x und V_y verteilen sich an den Rändern nach Abb. 30. Hierbei ist

$$V_x + V_y = \frac{Q}{2} \quad \text{und} \quad \frac{V_x}{V_y} = \frac{q_x}{q_y} = C \frac{l_y^4}{l_x^4}, \tag{18}$$

die Auflagerdrücke verhalten sich also zueinander wie die Teilbelastungen im Falle der gleichmäßig verteilten Last (l_y ist die größere Spannweite). Auf den mittleren Plattenschnitt $y - y$ wirkt im Falle einer ringsum frei aufliegenden Platte das Gesamtmoment

$$\left.\begin{aligned}
\mathfrak{R}_x &= \frac{l_x}{2}\left(V_x + \frac{1}{3} V_y\right) = \frac{Q l_x}{4}\left(\frac{q_x}{q} + \frac{1}{3}\frac{q_y}{q}\right) \\
&= \mathfrak{M}_x^* \frac{q_x}{q}\left(1 + \frac{1}{3}\frac{q_y}{q_x}\right), \\
&\text{entsprechend} \\
\mathfrak{R}_y &= \frac{l_y}{2}\left(V_y + \frac{1}{3}\frac{l_x}{l_y} V_x\right) \\
&= \mathfrak{M}_y^* \frac{q_y}{q}\left(1 + \frac{1}{3}\frac{l_x}{l_y}\frac{q_x}{q_y}\right).
\end{aligned}\right\} \tag{19}$$

Die Werte $\mathfrak{M}_x^*$ und $\mathfrak{M}_y^*$ auf den rechten Seiten der Gleichungen bedeuten die Biegungsmomente von beiderseits frei aufliegenden, die volle Last Q in der Mitte tragenden Balken mit den Spannweiten l_x bzw. l_y. Ihnen entsprechen bei der gleichmäßig verteilten Belastung die Momente $\mathfrak{M}_{0x}$ und $\mathfrak{M}_{0y}$ (vgl. Abb. 24).

Durch die Multiplikation mit $\frac{q_x}{q}$ bzw. $\frac{q_y}{q}$ werden diese Momente im Verhältnis des in den betreffenden Richtungen wirkenden Lastanteiles herabgemindert, so daß die Werte $\mathfrak{M}_x^* \frac{q_x}{q}$ und $\mathfrak{M}_y^* \frac{q_y}{q}$ den Momenten $\mathfrak{M}_x$ und $\mathfrak{M}_y$ im Falle der gleichmäßig verteilten Belastung entsprechen (vgl. Abb. 24). Der Klammerausdruck rührt von der in Abb. 30 dargestellten Art der Auflagerkräfte und von deren Beziehung zueinander her.

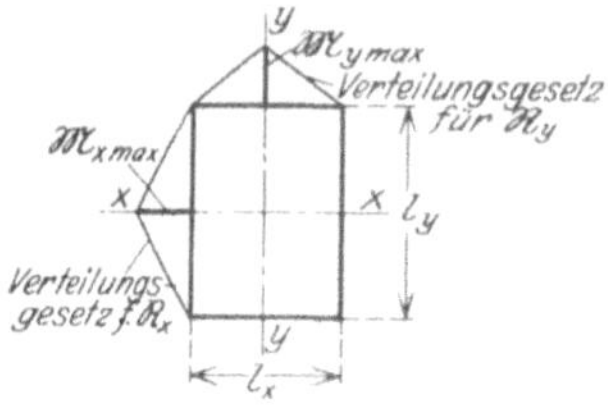

Abb. 31.

Die Verteilung der Momente auf die Belastungsbreite erfolgt in Dreiecksform nach Abb. 31, so daß die Größtmomente in den sich kreuzenden mittleren Plattenstreifen den zweifachen Wert der Durchschnittsmomente $\mathfrak{N}_x$ und $\mathfrak{N}_y$ erreichen. Es ist demnach für die Einheitsbreite:

$$\mathfrak{M}_{x\,\max} = 2\,\frac{\mathfrak{N}_x}{l_y} = \frac{\mathfrak{M}_x^*}{l_y}\,\frac{q_x}{q}\,2\left(1 + \frac{1}{3}\,\frac{q_y}{q_x}\right)$$

(gilt nur, solange $l_y \leqq 2\,l_x$; darüber hinaus muß statt l_y der Wert $2\,l_x$ beibehalten werden), (20)

$$\mathfrak{M}_{y\,\max} = 2\,\frac{\mathfrak{N}_y}{l_x} = \frac{\mathfrak{M}_y^*}{l_x}\,\frac{q_y}{q}\,2\left(1 + \frac{1}{3}\,\frac{l_x}{l_y}\,\frac{q_x}{q_y}\right).$$

Diese für die ringsum frei aufliegende Platte gültigen Formeln dürfen nun auch auf die übrigen, bei der gleichmäßig verteilten Belastung behandelten Fälle (einseitige Einspannung, beiderseitige Einspannung) übertragen werden.

Die Momente $\mathfrak{M}_x^*$ und $\mathfrak{M}_y^*$ stellen dann die Biegungsmomente eines beiderseits frei aufliegenden, einseitig eingespannten oder beiderseitig eingespannten, die volle Last Q in der Mitte tragenden Balkens mit der Spannweite l_x oder l_y dar. (wie die Momente $\mathfrak{M}_{xq}$ und $\mathfrak{M}_{yq}$ in Formel 15 für den Fall einer gleichmäßig verteilten Belastung). Für die Werte q, q_x, q_y gelten dieselben Formeln (Nr. 14) wie bei gleichartiger Lagerung im Falle der gleichmäßig verteilten Lasten. Drückt man auf Grund dieser Formeln die Werte q, q_x und q_y als Funktion der Spannweiten l_x und l_y sowie des Lagerungsbeiwertes C aus, dann erhält man

$$\left.\begin{aligned}
\mathfrak{M}_{x\,\max} &= \frac{\mathfrak{M}_x^*}{l_y}\,\frac{C\left(\frac{l_y}{l_x}\right)^4}{1+C\left(\frac{l_y}{l_x}\right)^4}\,\overbrace{2\left[1+\frac{1}{3\,C\left(\frac{l_y}{l_x}\right)^4}\right]}^{\lambda_x}, \\
\mathfrak{M}_{y\,\max} &= \frac{\mathfrak{M}_y^*}{l_x}\,\frac{1}{1+C\left(\frac{l_y}{l_x}\right)^4}\,\overbrace{2\left[1+\frac{C}{3}\left(\frac{l_y}{l_x}\right)^3\right]}^{\lambda_y}.
\end{aligned}\right\} \quad (21)$$

Die Formeln haben (abgesehen von den Beiwerten λ) einen ähnlichen Aufbau wie die für $\mathfrak{M}_x$ und $\mathfrak{M}_y$ bei gleichmäßig verteilter Last geltenden Ausdrücke (Formeln 15). Der Wert C kann aus der Tafel IV auf S. 28 entnommen werden. Für die auf Abb. 32 dargestellte Auflagerungsart (in der x-Richtung einseitige Einspannung, in der y-Richtung beiderseitiger Einspannung) ergibt sich z. B. $C = \frac{1}{2}$, wie bei der gleichmäßig verteilten Belastung begründet.

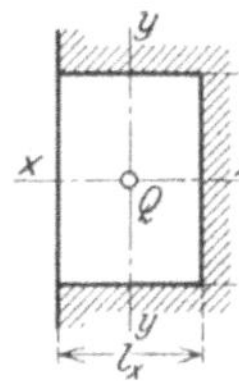

Abb. 32.

Die Momente $\mathfrak{M}^*$ sind

$$\left.\begin{aligned}
&\text{bei beiderseits freier Lagerung} \\
&\qquad \mathfrak{M}^* = \frac{Q\,l}{4}, \\
&\text{bei einseitiger Einspannung} \\
&\qquad \mathfrak{M}_F^* = \frac{5}{32}\,Q\,l, \quad \mathfrak{M}_S^* = -\frac{3}{16}\,Q\,l, \\
&\text{bei beiderseitiger Einspannung} \\
&\qquad \mathfrak{M}_F^* = \frac{Q\,l}{8}, \qquad \mathfrak{M}_S^* = -\frac{Q\,l}{8}.
\end{aligned}\right\} \quad (22)$$

Für die Einspannungsmomente gelten ebenfalls die obigen beiden Formeln, jedoch mit der Maßgabe, daß der Klammerausdruck $= 1$ bzw. $\lambda_x = \lambda_y = 2$ gesetzt werden. $\mathfrak{M}_x^*$ und $\mathfrak{M}_y^*$ bedeuten hierbei die Einspannungsmomente des die volle Last in der Mitte tragenden Balkens mit den Spannweiten l_x bzw. l_y.

Für durchlaufende Platten gelten die Formeln ebenfalls, im selben Sinne wie bei der gleichmäßig verteilten Last. Für die Feldmomente sind demnach in einer bestimmten Richtung (x oder y) zwei Teilmomente zu bilden: $\mathfrak{M}_x^I$ und $\mathfrak{M}_y^I$ für die Belastung $G + \frac{1}{2}P$ (statt Q) nach obigen Formeln je nach den Auflagerbedingungen für beiderseits freigelagerte, einseitig eingespannte oder beiderseitig eingespannte Plattenstreifen und $\pm \mathfrak{M}_{\prime\prime}^{\prime\prime}$ und $\pm \mathfrak{M}_{\prime\prime}^{\prime\prime}$, die sich durch die Belastung der Platte mit $\pm \frac{1}{2} P$ unter der Annahme einer ringsum frei aufliegenden Platte nach obigen Formeln ergeben. Für die Stützenmomente ist eine Unterscheidung zwischen G und P entbehrlich, es gelten die für eine Gesamtbelastung $G + P = Q$ aus den obigen Formeln ermittelten Einspannungsmomente, wobei, wie oben erwähnt, $\lambda_x = \lambda_y = 2$ zu setzen ist. Wenn sich an einer gemeinsamen Plattenkante von beiden Seiten verschiedene Einspannungsmomente ergeben, kann — wie bei der gleichmäßig verteilten Belastung — der Mittelwert genommen werden.

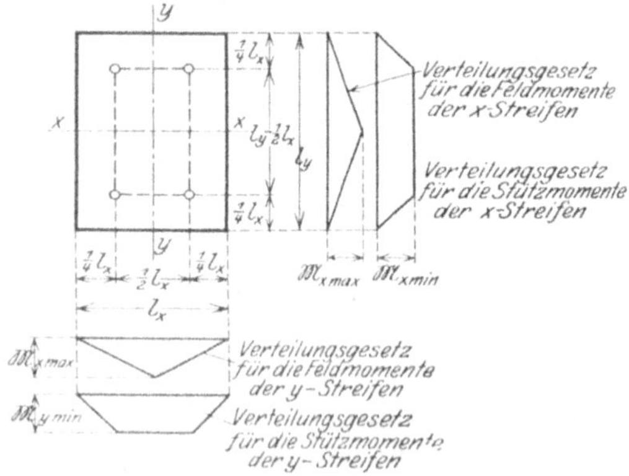

Abb. 33.

Das Verteilungsgesetz der Feld- und Einspannungsmomente ist auf Abb. 33 dargestellt. Die Verteilung der Feldmomente erfolgt nach der Dreieckform (vgl. Abb. 31), die Verteilung der Stützmomente nach der Trapezform wie bei der gleichmäßig verteilten Belastung (vgl. Abb. 28).

Die Verteilung der Auflagerdrücke erfolgt nach Abb. 30 und den dazugehörigen Formeln.

Wenn die Ecken der Platten gegen Abheben gesichert sind, bewirken die Drillungsmomente, die von der Behinderung der Durchbiegung durch die benachbarten Plattenstreifen herrühren, eine Verringerung der Feldmomente. Diese Verminderung kann nach Marcus (vgl. das unter Absatz 83 genannte Heft) bei gleichmäßig verteilter Last in der Weise berücksichtigt werden, daß die nach dem obigen Rechnungsgang ermittelten Feldmomente $\mathfrak{M}_x$ bzw. $\mathfrak{M}_y$ mit einem Beiwert ν_x bzw. ν_y multipliziert werden. Im allgemeinen ist

$$\left.\begin{aligned} \nu_x &= 1 - \frac{5}{6}\left(\frac{l_x}{l_y}\right)^2 \frac{\mathfrak{M}_{x\,\max}}{\mathfrak{M}_{0\,x}}, \\ \nu_y &= 1 - \frac{5}{6}\left(\frac{l_y}{l_x}\right)^2 \frac{\mathfrak{M}_{y\,\max}}{\mathfrak{M}_{0\,y}}, \end{aligned}\right\} \tag{23}$$

wobei $\mathfrak{M}_{0x}$ das größte Biegungsmoment eines frei aufliegenden und die volle gleichmäßig verteilte Last q tragenden Plattenstreifen von der Einheitsbreite und mit der Spannweite l_x, $\mathfrak{M}_{0y}$ desgl. für die Spannweite l_y bedeuten (vgl. Abb. 24). Man erhält demnach

$$\left.\begin{aligned} M_{x\max} &= \nu_x \mathfrak{M}_{x\max}, \\ M_{y\max} &= \nu_y \mathfrak{M}_{y\max}, \end{aligned}\right\} \tag{24}$$

Diese Herabminderung gilt nur für Feldmomente, nicht aber für Einspann- bzw. Stützmomente.

Dieselben Werte ν_x und ν_y verwendet Marcus auch im Falle der Belastung durch Einzellasten für die Feldmomente. Es sei hervorgehoben, daß die Werte ν_x oder ν_y dieselben sind, für das Verhältnis $\frac{\mathfrak{M}_{x\,\max}}{\mathfrak{M}_{0\,x}}$ also der Fall einer gleichmäßig verteilten Belastung zugrunde zu legen ist. Im genannten Hefte von Marcus sind im Falle der Einzellasten nicht ν-, sondern μ-Werte verwendet; mit unseren Bezeichnungen ist

$$\left.\begin{aligned} \mu &= \nu_x \lambda_x, \\ \mu' &= \nu_y \lambda_y. \end{aligned}\right\} \tag{25}$$

wobei für λ_x und λ_y die Ausdrücke auf S. 33 gelten. Auch bei Einzellasten gilt die Herabminderung nur für die Feldmomente, für Einspann- bzw. Stützmomente nicht.

Nach Punkt 89 ist $\nu = 1$ zu setzen, wenn die Ecken der Platten gegen Abheben nicht gesichert sind; in diesem Falle finden also die für zwei Scharen von Längs- und Querstreifen gegebenen Formeln 13 bis 22 Anwendung.

Nach Punkt 88 dürfen außerdem die Werte ν nur dann eingesetzt werden, wenn für die Aufnahme der Drillungsmomente durch Bewehrungseisen Sorge getragen wird. Nach dem genannten Heft von Marcus treten Biegungsbeanspruchungen infolge Drillungsmomente nur an biegungsfreien Rändern auf (also dort, wo keine Nachbarfelder anschließen oder eine volle Einspannung nicht vorhanden ist). An diesen freien Rändern verursachen die Drillungsmomente negative Biegungsmomente (oben Zug) um eine zur Winkelhalbierenden senkrecht stehende Achse drehend, und positive Momente (unten Zug) um eine zur Winkelhalbierenden parallel laufende Achse drehend. Die Bereiche der negativen Momente sind durch die im Grundriß der Abb. 34 schraffierten Dreiecksflächen dargestellt, ebenso der lineare Momentenverlauf. Das größte negative Moment in der Ecke ist

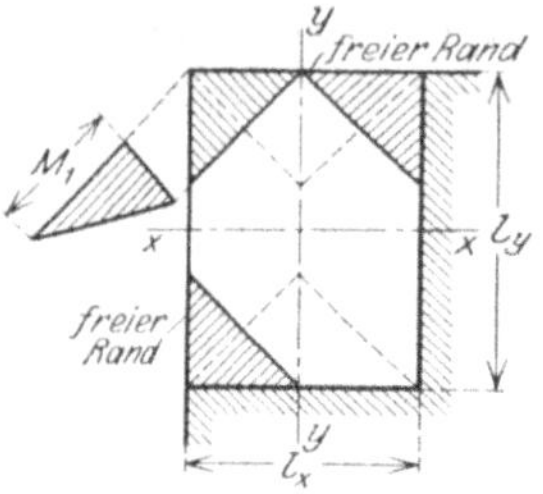

Abb. 34.

$$M_1 = -\frac{q l_x^2}{32}\sqrt{\frac{2l_y - l_x}{l_y}}, \qquad (26)$$

und erfordert entsprechende obere Eiseneinlagen in Richtung der Winkelhalbierenden. Die senkrecht dazu stehenden positiven Momente haben dieselbe Größe, also

$$M_2 = \frac{q l_x^2}{32}\sqrt{\frac{2l_y - l_x}{l_y}}, \qquad (27)$$

und erfordern entsprechende untere Eiseneinlagen senkrecht zur Richtung der Winkelhalbierenden.

Wird die Längs- und Querbewehrung der Platte ohne Aufbiegung bis an die Randträger herangeführt, so ist nach Marcus im allgemeinen eine besondere Bewehrung zur Aufnahme von M_2 nicht erforderlich. Zur Aufnahme von M_1 müssen aber noch in Richtung der Winkelhalbierenden am oberen Rande Zulageeisen verlegt werden. Wenn hingegen die Längs- und Quereisen aufgebogen werden, so wird wohl für M_1 eine ausreichende Deckung vorhanden sein, es werden dann zur Aufnahme von M_2 senkrecht zur Winkelhalbierenden am unteren Rande Zulageeisen angeordnet werden müssen[1].

---

[1] Vgl. hierüber auch den Aufsatz „Über die Eckenwirkung bei frei aufliegenden Platten“ von Leitz in „Beton und Eisen“ 1928, S. 417.

Wie bereits erwähnt, sind für die verschiedenen Belastungs- und Lagerungsfälle im Heft „Die vereinfachte Berechnung biegsamer Platten“ von Marcus, Berlin: Julius Springer 1925, fertige Formeln enthalten. Es sei ferner auf die Aufsätze „Zum Stand kreuzweise bewehrter Platten“ von Leitz in „Bauing.“ 1925, S. 920, und „Die Grundlagen der Querschnittsbemessung kreuzweise bewehrter Platten“ von Marcus in „Bauing.“ 1926, S. 577, verwiesen.

Auf Grund der Marcusschen Formeln sind ferner Zahlentafeln ausgearbeitet worden, und zwar:

4. Pilzdecken.

Konstruktionsgrundsätze.

90. Als Pilzdecken sind kreuzweise bewehrte Eisenbetonplatten zu bezeichnen, die ohne Vermittlung von Balken unmittelbar auf Eisenbetonsäulen ruhen und mit diesen biegungsfest verbunden sind.

91. Um die biegungsfeste Verbindung von Platte und Säule zu ermöglichen, soll die Achsenlänge des Säulenquerschnittes nicht kleiner sein als $^1/_{20}$ der in gleicher Richtung gemessenen Stützweite l, mindestens aber 30 cm, wobei l von Säulenmitte zu Säulenmitte gemessen wird, und auch nicht kleiner als $^1/_{15}$ der Stockwerkshöhe. (Über die Berechnung der Säulen vgl. Absatz 143–158.) Bei Decken ohne Verstärkung muß die Achsenlänge des Säulenkopfes,

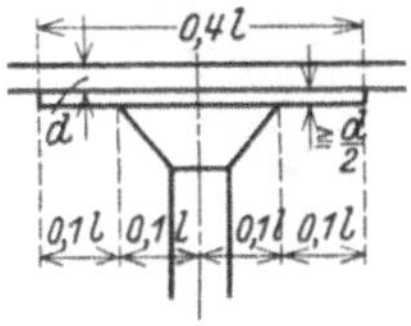

Abb. 35. (Bestimmungen.)

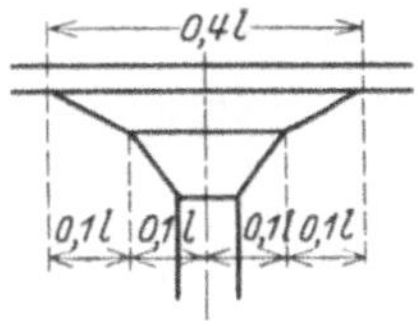

Abb. 36. (Bestimmungen.)

an der Unterkante der Deckenplatte gemessen, mindestens $^2/_9\,l$ betragen. Für Decken mit Verstärkung gelten die Maße der Abb. 35 u. 36.

92. Die Plattendicke darf nicht kleiner als 15 cm sein und auch nicht kleiner als $^1/_{32}$ der größeren der beiden Stützweiten für Decken, bzw. $^1/_{40}$ für Dächer.

93. Die Eiseneinlagen müssen wie beim durchlaufenden Träger dem Verlauf der Biegungsmomente und Querkräfte angepaßt werden.

Die Mindestabmessungen sind auf Abb. 37 dargestellt.

„Auswertung der Marcusschen Formeln zur Berechnung vierseitig gelagerter Platten“ von Luetkens in „Bauing.“ 1925, S. 659.

„Auswertung der Marcussen Formeln für vierseitig gelagerte Platten“ von Klagas, in „Bauing.“ 1927, S. 221. (Wie vor., jedoch mit kleineren Intervallen).

„Bemessung von Kreuzplatten nach nur einem Feldmoment“ von Bernhard in „Zement“ 1928, S. 1732.

Diese Zahlentafeln beziehen sich alle nur auf den Fall einer gleichmäßig verteilten Belastung (nicht auf Einzellasten).

Eine eingehende Behandlung der kreuzweise bewehrten Platten (für gleichmäßig verteilte Last) nebst Tabellen befindet sich auch im Buche „Bemessungsverfahren“ von Löser, Berlin: W. Ernst & Sohn 1925.

Für die Berechnung der durch Dreiecklasten belasteten durchlaufenden Deckenträger (Momente und Querkräfte) vgl. David, „Praktischer Eisenbetonbau“, München-Berlin: R. Oldenbourg 1929, S. 513.

Ermittlung der äußeren Kräfte.

94. Die Werte für die Biegungsmomente und Querkräfte von Pilzdecken (vgl. Absatz 90—93) sind sowohl für die Decke als für die Säulen nach den Regeln der Plattentheorie (z. B. mittels Reihenentwicklung oder Anwendung der Gewebetheorie) zu berechnen, wobei die Drillungsmomente zu berücksichtigen sind[1].

95. Die Teile des Säulenkopfes, die unterhalb einer Neigung von 45° gegen die Wagerechte liegen (s. Abb. 35 u. 36), dürfen zur Spannungsübertragung nicht herangezogen werden und gelten beim

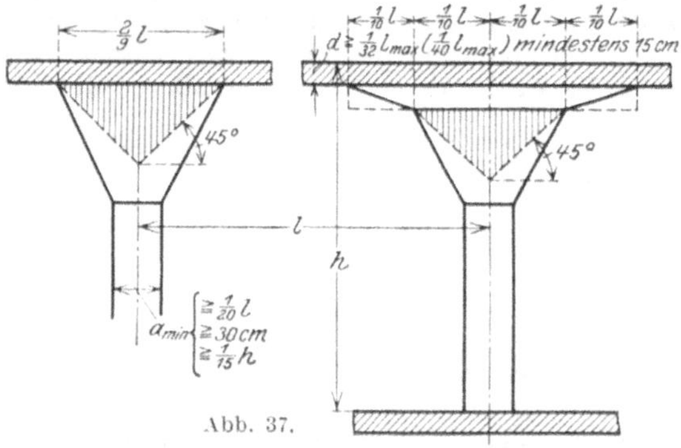

Abb. 37.

Spannungsnachweis als nicht vorhanden. Die Mindestabmessungen der Säulenköpfe müssen im übrigen den Maßen der Abb. 35 oder 36 entsprechen.

Darstellung der 45°-Regel siehe Abb. 37. Der unterhalb der 45°-Linie liegende Säulenkopfteil ist nur in bezug auf die Spannungsermittlung der Decke (Gurtstreifen-Querschnitt) unwirksam. Für die Bemessung der Stütze kann der Stützenkopf mit seinen vollen Ausmaßen in Rechnung gesetzt werden.

96. Für den wirksamen Querschnitt eines Eisenstabes mit dem Querschnitt F_e, dessen Achse mit der Normalen einer beliebigen Schnittebene den Winkel α einschließt, darf der Wert $F_e \cdot \cos\alpha$ eingeführt werden.

Der Sinn dieser Bestimmung geht aus Abb. 38 hervor.

---

[1] Für die Gewebetheorie vgl. Marcus: Die Theorie elastischer Gewebe und ihre Anwendung auf die Berechnung biegsamer Platten. Berlin: Julius Springer 1924.

Weitere Literaturangaben für die genaue Berechnung nach der Plattentheorie sind in den „Erläuterungen mit Beispielen zu den Eisenbetonbestimmungen 1925" von Gehler, Berlin: W. Ernst & Sohn 1927, 4. Aufl., S. 135, enthalten.

97. Wenn keine genaue Untersuchung nach der Plattentheorie durchgeführt wird, so können die trägerlosen Decken durch zwei sich kreuzende Scharen von Längs- und Querbalken ersetzt werden, die als durchlaufende Balken mit elastisch eingespannten Stützen oder als Stockwerkrahmen ebenso zu behandeln sind, als ob sie in der querlaufenden Stützenflucht auf einer stetigen Unterlage aufruhten, und die im Gegensatz zu den ringsum auflagernden Platten in jeder Richtung für die volle und ungünstigste Belastung berechnet werden müssen.

98. Die stellvertretenden Rahmen dürfen so berechnet werden, daß für die Momentenermittlung nur der Biegungswiderstand der Stützen des unmittelbar anschließenden oberen und unteren Stockwerkes berücksichtigt wird.

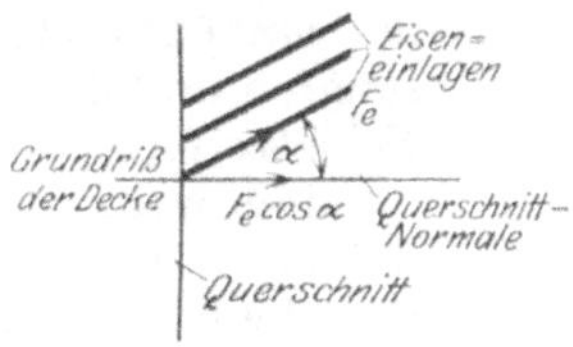

Abb. 38.

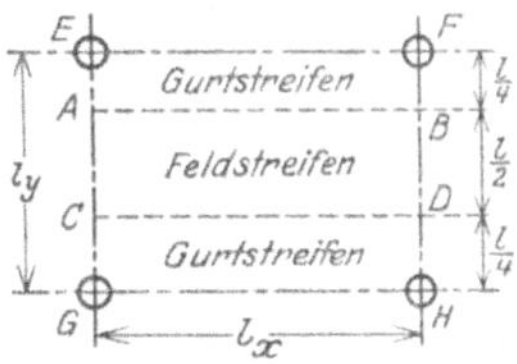

Abb. 39. (Bestimmungen.)

99. Die Riegel der stellvertretenden Rahmen haben die Stützweite l_x und l_y, die Querschnittsbreite l_y bzw. l_x und als Querschnittshöhe die Deckenstärke d.

100. Um die Spannungen zu bestimmen, die durch die zugehörigen Biegungsmomente M_x und M_y in der Platte hervorgerufen werden, wird jedes Deckenfeld in einen inneren Teil $ABDC$ von der Breite $\frac{l}{2}$ und zwei äußere Teile $ABFE$ und $CDHG$ jeweils von der Breite $\frac{l}{4}$ zerlegt (Abb. 39). Der innere Teil wird als Feldstreifen, die äußeren Teile werden als Gurtstreifen bezeichnet.

101. Von den für einen Riegel des stellvertretenden Rahmens ermittelten positiven (oder negativen) Feldmomenten haben der Feldstreifen 45% und die beiden Gurtstreifen zusammen 55% aufzunehmen, während von den negativen Biegungsmomenten in den Säulenfluchten 25% dem Feldstreifen und 75% den beiden Gurtstreifen zuzuweisen sind.

Für die Berechnung der Decke in der x-Richtung wird demnach der auf Abb. 40 dargestellte Stockwerkrahmen zugrunde gelegt:

Querschnittbreite des Riegels: l_y (auf der Abb. l_{y2}),
Querschnitthöhe des Riegels: d (Plattenstärke).

Aus diesen Abmessungen ergibt sich J_b. Als Stielquerschnitt gilt die Hälfte der an den beiden Streifenrändern angeordneten Stützenquerschnitte (auf der Abb. $\frac{1}{2}(S_{11} + S_{21})$ bzw. $\frac{1}{2}(S_{12} + S_{22})$ usw.) Daraus ergeben sich J_0 und J_u (vgl. auch Absatz 108). Der Rahmen ist für die volle $(g + p)$ und ungünstigste Belastung zu rechnen (in der x-Richtung ebenso wie in der y-Richtung[1]).

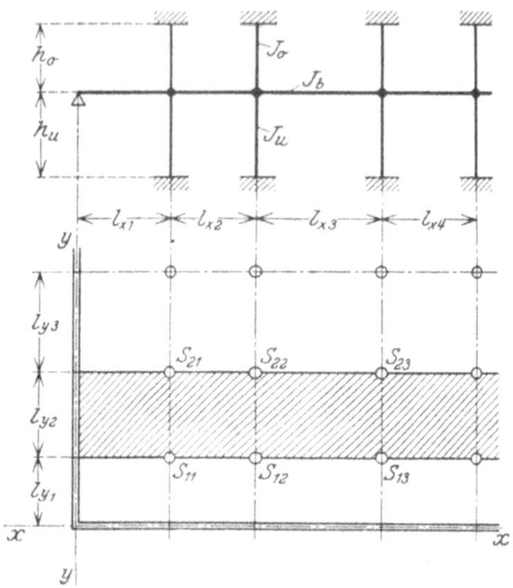

Abb. 40.

Da vom positiven Feldmoment 55% auf die Gurtstreifen und 45% auf die Feldstreifen (bei gleicher Streifenbreite) entfallen, haben die Gurtstreifen (auf die Einheitsbreite bezogen) das 1,10fache, die Feldstreifen das 0,9fache Durchschnittsmoment aufzunehmen. Für die Bemessung der Deckenstärke ist demnach das Gurtstreifenmoment maßgebend. In den Säulenfluchten übernehmen die Gurtstreifen 75%, die Feldstreifen 25%, also die Gurtstreifen das 1,5fache, die Feldstreifen das 0,5fache Durchschnittsmoment. Die Aufnahme dieses Gurtstreifenmomentes wird durch die vom Säulenkopf verursachten Querschnittsverstärkungen (vgl. die 45°-Regel, Absatz 95) begünstigt.

102. Wird von einer genauen Berechnung nach der Plattentheorie oder von der angeführten Näherungsberechnung mit stellvertretenden Rahmen abgesehen, so können, wenn die Stützenabstände in allen Feldern einer Reihe gleich oder nur soweit ungleich sind, daß der kleinste noch mindestens 0,8 des größten ist, zur Errechnung der Momente M_F der Feldstreifen und M_G der Gurtstreifen die nachstehenden Gleichungen unmittelbar benutzt werden, die für die Querschnittsbreite 1 gelten. Voraussetzung ist hierbei, daß die Decken

[1] Für die Berechnung derartiger Stockwerkrahmen vgl. Löser: „Bemessungsverfahren". Berlin: W. Ernst & Sohn 1925, S. 129. Ferner: David: „Praktischer Eisenbetonbau", München-Berlin: R. Oldenbourg 1929, S. 544. (Fertige Formeln für gleiche Öffnungen.)

gemäß Abb. 35 oder 36 über den Säulenköpfen verstärkt werden. Bei Decken ohne Verstärkung (vgl. Abs. 90—93) sind die nach den Gleichungen (28) und (29) errechneten Werte der positiven Momente um 25% zu erhöhen.

103. In den Gleichungen (28) bis (32) ist zur Bestimmung von M_x und M_y (vgl. Abs. 82—89) für l jeweils l_x bzw. l_y zu setzen.

104. Außenfeld.

$$\left.\begin{aligned} M_F &= l^2 \cdot \left(\frac{g}{16} + \frac{p}{13}\right), \\ M_G &= l^2 \cdot \left(\frac{g}{13} + \frac{p}{11}\right). \end{aligned}\right\} \qquad (28)$$

Die vorstehenden Formeln gelten für Decken, die auf den Außenwänden frei aufruhen oder bei denen die Außenstützen als Pendelsäulen ausgebildet sind. Werden die letzteren biegungsfest an die Decken angeschlossen und durchgehende Stürze in Verbindung mit den Decken angeordnet, so dürfen die nach den Formeln (28) errechneten Werte der Biegungsmomente um 20% ermäßigt werden.

105. Innenfeld.

$$\left.\begin{aligned} M_F &= l^2 \cdot \left(\frac{g}{32} + \frac{p}{16}\right), \\ M_G &= l^2 \cdot \left(\frac{g}{26} + \frac{p}{13}\right). \end{aligned}\right\} \qquad (29)$$

106. Stützenmomente längs der ersten inneren Stützenreihe.

$$\left.\begin{aligned} M_F &= -\frac{l^2}{24} \cdot (g + p), \\ M_G &= -\frac{l^2}{8} \cdot (g + p). \end{aligned}\right\} \qquad (30)$$

107. Stützenmomente in den übrigen Stützenreihen.

$$\left.\begin{aligned} M_F &= -\frac{l^2}{30} \cdot (g + p), \\ M_G &= -\frac{l^2}{10} \cdot (g + p). \end{aligned}\right\} \qquad (31)$$

108. Die am oberen Ende der unteren und am unteren Ende der oberen Säulen aufzunehmenden Biegungsmomente (vgl. auch Absatz 143—145) sind nach den Formeln

$$\left.\begin{aligned} M_u &= \mp P \cdot \frac{l}{12} \cdot \frac{c_u}{c_0 + 1 + c_u}, \\ M_0 &= \pm P \cdot \frac{l}{12} \cdot \frac{c_0}{c_0 + 1 + c_u} \end{aligned}\right\} \qquad (32)$$

zu ermitteln. Hierbei ist P die gesamte Verkehrslast eines Feldes mit den Seitenlängen l_x und l_y,

$$c_0 = \frac{l}{h_0} \cdot \frac{J_0}{J_d},$$

$$c_u = \frac{l}{h_u} \cdot \frac{J_u}{J_d}.$$

J_d = das Trägheitsmoment der Decke, bezogen auf die Feldbreite,
J_u = das Trägheitsmoment der unteren Säule,
J_0 = das Trägheitsmoment der oberen Säule,
h_0 = die Höhe der oberen Säule (Stockwerkshöhe),
h_u = die Höhe der unteren Säule (Stockwerkshöhe).

109. Die vorstehenden Formeln gelten auch für Außensäulen, die mit der Decke biegungsfest verbunden sind, wenn P durch $(G + P)$ ersetzt wird, wobei G die gesamte ständige Last eines Feldes mit den Seitenlängen l_x und l_y ist.

110. In den Randfeldern darf für den zur Auflagerlinie parallel laufenden Feldstreifen der Wert $\frac{3}{4}\, M_F$ und für den unmittelbar am Rand angrenzenden Gurtstreifen der Wert $\frac{1}{2}\, M_G$ der Querschnittsbemessung zugrunde gelegt werden, wobei M_F bzw. M_G die für normale Innenfelder gültigen Biegungsmomente der Feld- bzw. Gurtstreifen bedeuten.

5. Balken und Plattenbalken.

Konstruktionsgrundsätze.

111. Balken und Plattenbalken. Die Nutzhöhe h muß mindestens $^1/_{20}$ der Stützweite (vgl. Absatz 118) betragen.

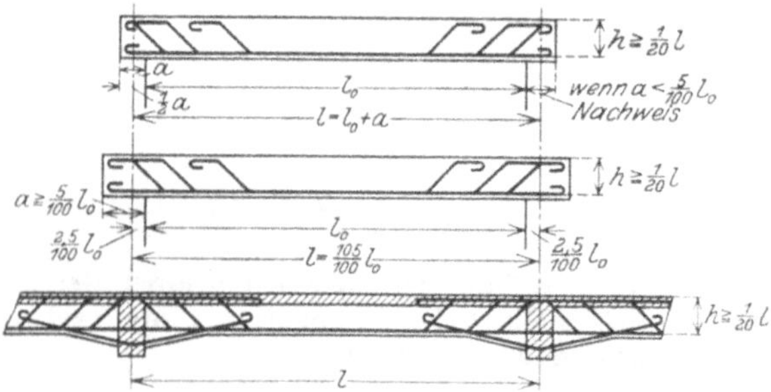

Abb. 41.

Es ist kein Unterschied gemacht zwischen frei aufliegenden und durchlaufenden Balken (Abb. 41). Es drängt sich die Frage auf, ob es bei Neufassung der Bestimmung nicht zweckmäßig wäre, die Lagerungsart zu berücksichtigen.

112. Liegen die Deckeneisen gleichlaufend mit den Hauptbalken, so sind rechtwinklig zu ihnen besondere Eisen oben anzuordnen, die die Mitwirkung der anschließenden Platte auf die berechnete Breite sichern, und zwar wenigstens 8 Rundeisen von 7 mm Stärke auf 1 m Balkenlänge.

Unter „berechnete Breite" ist die mitwirkende Druckplattenbreite der Plattenbalken nach Abs. 127—130 zu verstehen (Abb. 42).

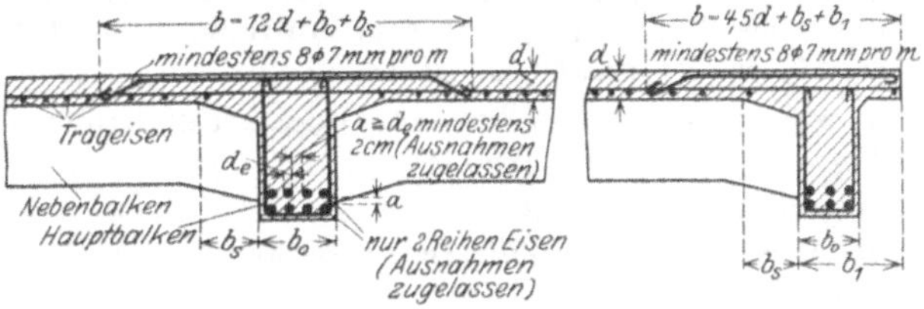

Abb. 42.

113. In den Rippen soll der geringste lichte Eisenabstand nach jeder Richtung in der Regel mindestens gleich dem Eisendurchmesser und nicht kleiner als 2 cm sein. Wenn sich geringere Abstände nicht vermeiden lassen, so muß durch einen feinen und fetten Mörtel für eine dichte Umhüllung der einzelnen Eisen besonders gesorgt werden.

114. Im allgemeinen sollen nicht mehr als 2 Reihen Eisen übereinander angeordnet werden. Bei besonderen Verhältnissen sind Ausnahmen gestattet.

115. Mit Rücksicht auf die Querkräfte sind — auch bei freier Auflagerung der Balken — einige abgebogene Eisen bis über das Auflager hinwegzuführen.

116. In Balken und Plattenbalken sind stets Bügel anzuordnen, um den Zusammenhang zwischen Zug- und Druckgurt zu gewährleisten.

Die Vorschriften sind auf Abb. 43 dargestellt.

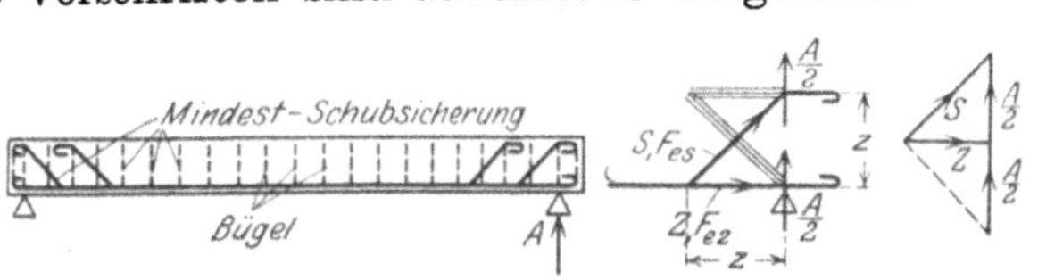

Abb. 43.

Die genannten abgebogenen Eisen ordnet man (dem doppelten Strebensystem auf Abb. 43 entsprechend) zweckmäßig so an, daß der obere Knickpunkt der abgebogenen Stäbe in der Auflagerlotrechten liegt $F_{es} = \frac{A}{\sigma_e \sqrt{2}}$; $F_{ez} = \frac{A}{2\sigma_c}$. Als Mindestbügelbewehrung kann etwa 0,1% der wagrecht geschnittenen Stegfläche empfohlen werden.

Ermittlung der äußeren Kräfte.

117. **Die wirksame Breite eines Plattenbalkens ist** (für die Ermittlung der äußeren Kräfte, d. h. Berechnung der unbekannten Größen statisch unbestimmter Tragwerke und der elastischen Formänderungen aller Tragwerke) **mit dem Mittelwert $6d + b_0 + 2b_s$ (vgl. Abb. 47) in Rechnung zu stellen.**

Für einseitige Plattenbalken sinngemäß (auf Grund des Abs. 129) $2{,}25d + b_s + b_1$ vgl. Abb. 48.

118. Die Stützweite ist

a) bei beiderseits frei aufliegenden Balken die Entfernung der Auflagermitten,

b) bei außergewöhnlich großen Auflagerlängen die um 5% vergrößerte Lichtweite,

c) bei durchlaufenden Balken die Entfernung zwischen den Mitten der Stützen bzw. Unterzüge.

Ist die Länge eines Auflagers ausnahmsweise geringer als 5% der Lichtweite, so ist die Sicherheit des Auflagers nachzuweisen.

Darstellung der Stützweite auf Abb. 41.

119. Momente durchlaufender Balken sind im allgemeinen für ungünstigste Laststellung nach den Regeln für frei drehbar gelagerte durchlaufende Träger zu ermitteln.

120. Negative Feldmomente. Bei durchlaufenden Plattenbalken im Hochbau, die mit Unterzügen oder Säulen fest verbunden sind, brauchen wegen des Verdrehungswiderstandes der Unterzüge und des Biegungswiderstandes der Säulen die negativen Feldmomente aus veränderlicher Belastung nur mit $^2/_3$ ihres Wertes berücksichtigt zu werden.

121. Im Sonderfall gleicher oder um höchstens 20% ungleicher Stützweiten l dürfen bei Plattenbalken die negativen Feldmomente eines entlasteten Feldes angenommen werden zu

$$\min M = \frac{1}{24} \cdot l^2 \cdot \left(g - \frac{2}{3} \cdot p\right). \tag{33}$$

122. Mindestwert für positive Feldmomente. Ergibt sich auf Grund der für durchlaufende Tragwerke geltenden Beziehungen für das größte positive Feldmoment ein kleinerer Wert als bei voller beiderseitiger Einspannung eintreten würde, so ist der Querschnitts-

berechnung der für beiderseitige volle Einspannung geltende Wert des Feldmomentes zugrunde zu legen.

Einfluß des Verdrehungswiderstandes der Unterzüge und des Biegungswiderstandes der Säulen siehe Abb. 44. Die Begünstigung bezieht sich nur auf Plattenbalken.

Das geringste Feldmoment ist bei gleichmäßiger Belastung und konstantem Trägheitsmoment $\frac{q l^2}{24}$.

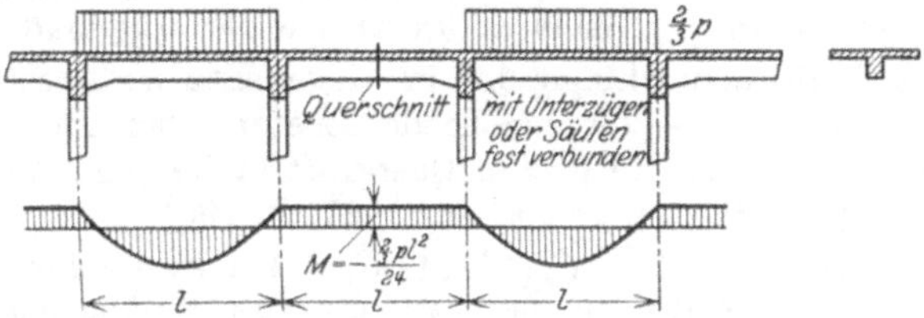

Abb. 44.

123. Berücksichtigung der Einspannung. Ist bei Hochbauten die Stützenbreite gleich oder größer als der fünfte Teil der Stockwerkshöhe, so sind durchgehend ausgebildete Balken nicht mehr als durchgehend, sondern als an der Stütze voll eingespannt zu berechnen. Hierbei ist vorausgesetzt, daß die Balken mit der Stütze biegungsfest verbunden sind oder daß eine entsprechende Auflast an den Stützen vorhanden ist. Als Stützweite ist dabei die um 5% vergrößerte Lichtweite zu rechnen.

Berücksichtigung der Einspannung siehe Abb. 45. Bei nicht biegungsfester Verbindung muß die Auflast Q der Säule so groß sein, daß der in A und B der Abb. 46 gestützt gedachte

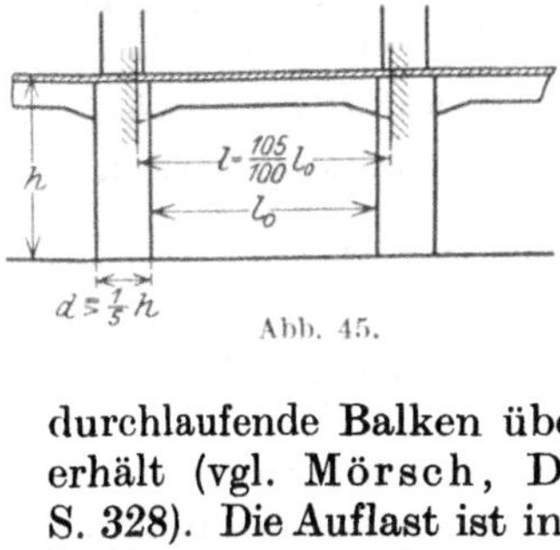

Abb. 45.

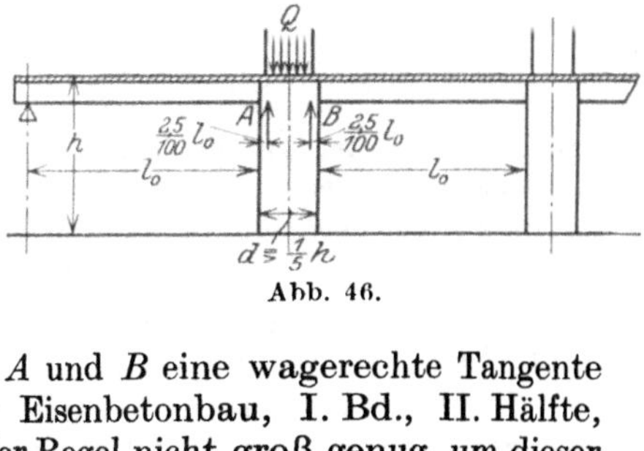

Abb. 46.

durchlaufende Balken über A und B eine wagerechte Tangente erhält (vgl. Mörsch, Der Eisenbetonbau, I. Bd., II. Hälfte, S. 328). Die Auflast ist in der Regel nicht groß genug, um dieser Bedingung zu genügen, so daß eine volle Einspannung des Balkens im Mauerwerkspfeiler meistens nicht angenommen werden darf.

124. Querkräfte. Die zur Ermittlung der Schub- und Haftspannungen maßgebenden Querkräfte durchlaufender Balken dürfen bei Hochbauten mit überwiegend ruhenden Lasten für Vollbelastung aller Felder bestimmt werden. Ebenso genügt Annahme der Vollbelastung zur Bestimmung der Querkräfte für Balken mit beiderseits freier Auflagerung.

125. Dagegen sind rollende Lasten in jeweils ungünstigster Stellung vorzusehen. Bei Durchfahrten, Hofunterkellerungen, Brücken und ähnlichen Bauwerken sind Verkehrslasten streckenweise anzunehmen, wenn sich dadurch Größtwerte der Querkräfte ergeben.

Kontinuitätszuschläge sind im Gegensatz zu Absatz 126 zu berücksichtigen. — Für rollende Lasten, bei Durchfahrten, Brücken usw. gilt die größte Querkraftfläche (vgl. Aufsatz des Verfassers in „Beton und Eisen" 1921, S. 190).

126. Stützkräfte durchlaufender Balken oder Plattenbalken. Bei Ermittlung der Last, die von Balken auf Mauern, Hauptunterzüge oder Säulen übertragen wird, dürfen die Kontinuitätswirkungen vernachlässigt werden. Die Stützkräfte können also unter der Annahme frei aufliegender, über allen Innenstützen gestoßener Balken ermittelt werden.

Es ist zu empfehlen, bei nur 2 Feldern und bei ungleichen Spannweiten die durch Kontinuität verursachten Zusatzkräfte zu berücksichtigen. Vgl. Absatz 146.

127. Plattendicke und Plattenbreite. Die Druckplatte eines Plattenbalkens muß mindestens 8 cm stark sein (wegen Druckplattenstärke von Eisenbetonrippendecken vgl. Absatz 74—78). Die zulässige Breite b der Druckplatte ist

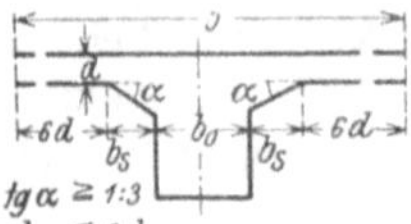

Abb. 47. (Bestimmungen.)

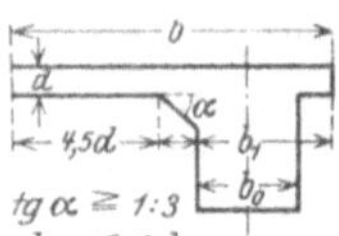

Abb. 48. (Bestimmungen.)

128. bei beiderseitigen Plattenbalken nach Abb. 47

$$b = 12\,d + b_0 + 2\,b_s$$

und nicht größer als der Abstand der Feldmitten und als die halbe Balkenstützweite,

129. bei einseitigen Plattenbalken nach Abb. 48

$$b = 4{,}5\,d + b_s + b_1$$

und nicht größer als die halbe lichte Rippenentfernung $+ \frac{b_0}{2}$ und als ein Viertel der Balkenstützweite.

Die vorgeschriebene Mindeststärke der Druckplatte (8 cm) ist vor allem bei Dachdecken zu beachten, wenn beispielsweise 6 cm starke Dachplatten verwendet werden. Hierbei ist entweder die (in Vollbeton auszuführende) Platte auf die berechnete Breite zu verstärken, oder es werden Schrägen angeordnet, die eine mittlere Stärke von mindestens 8 cm aufweisen müssen; im letzteren Falle gilt als Druckplattenbreite die Entfernung zwischen den beiden 6 cm starken Endigungen der Schrägen, wobei auch die Absätze 128 bzw. 129 einzuhalten sind.

130. Die Deckenverstärkung darf mit keiner flacheren Neigung als 1 : 3 und ihre Breite b_s mit höchstens 3 d in Rechnung gestellt werden. Sind Deckenverstärkungen nicht vorhanden, so ist b_s gleich Null zu setzen.

Über die Deckenverstärkung vgl. Abb. 49.

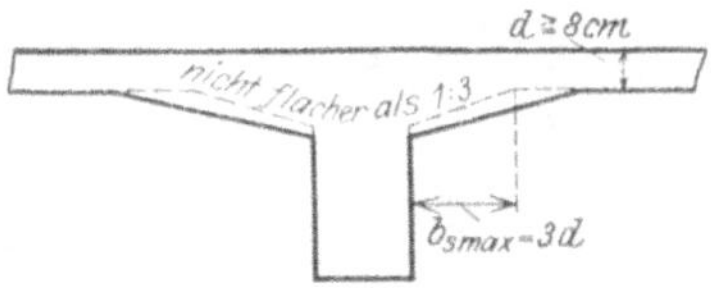

Abb. 49.

Ermittlung der inneren Kräfte.

131. Schubspannungen. In Balken sind die Schubspannungen τ_0 nachzuweisen.

132. Geht der ohne Rücksicht auf abgebogene Eisen oder Bügel errechnete Wert der Schubspannungen über 14 kg/cm² hinaus, so sind die Abmessungen der Rippe zu vergrößern, bis dieser Wert erreicht oder unterschritten wird.

133. In Balken oder Balkenfeldern, in denen die größte Schubspannung τ_0 bei Handelszement nicht über 4 kg/cm², bei hochwertigem Zement nicht über 5,5 kg/cm² hinausgeht, wird kein rechnerischer Nachweis der Schubsicherung gefordert. Ist die größte Schubspannung über 4 bzw. 5,5 kg/cm², so sind alle Schubspannungen auf der betreffenden Feldseite ganz durch abgebogene Eisen oder Bügel oder beides zusammen aufzunehmen (Schubsicherung).

134. Die Schubspannung τ_0 ist zu berechnen aus der Gleichung

$$\tau_0 = \frac{Q}{b_0 \cdot z}, \qquad (34)$$

worin b_0 bei Plattenbalken die Stegbreite und z den Abstand des Schwerpunktes der Eisen vom Druckmittelpunkt und Q die Querkraft bedeuten.

135. Die Grundlinie des Schubdiagramms soll in die halbe Höhe zwischen Unterkante und Oberkante des Balkens gelegt werden.

Die Schubsicherung ist auf Abb. 50 dargestellt. Die abgebogenen Eisen sollen grundsätzlich den Hauptzugspannungsrichtungen folgend unter 45° zur Wagerechten verlaufen. Werden ausnahmsweise hiervon abweichende Neigungen gewählt, wie z. B. bei hohen wandartigen Trägern oder auch bei Balken mit niedrigerer Höhe in der Nähe der Auflager (vgl. Abb. 50), dann ist der Eisenquerschnitt dieser Stäbe nach dem Vorschlage von Löser[1] mit $\frac{1}{\cos\beta}$ zu multiplizieren (vgl. auch Abb. 38).

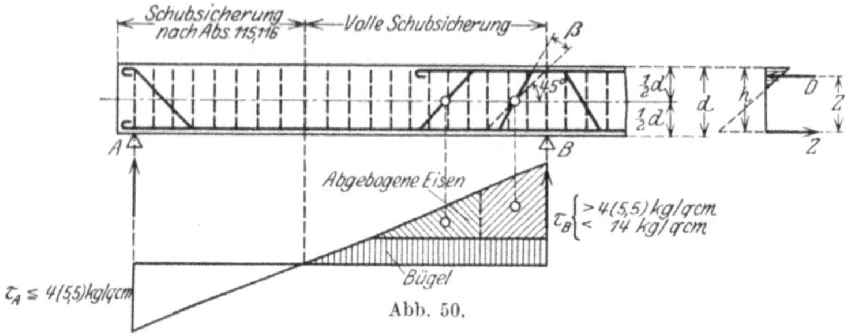

Abb. 50.

Ist das Bereich (a) der aufzunehmenden Schubspannungen gleich oder kleiner als der innere Hebelarm (z) — eine Beanspruchung des Tragwerkes auf Abscheren (vgl. Abb. 51) —, dann müssen die Schrägeisen für eine Zugkraft $\frac{Q}{\sqrt{2}}$ bemessen werden, wobei Q die auf dieser Strecke wirkende Querkraft bedeutet[2].

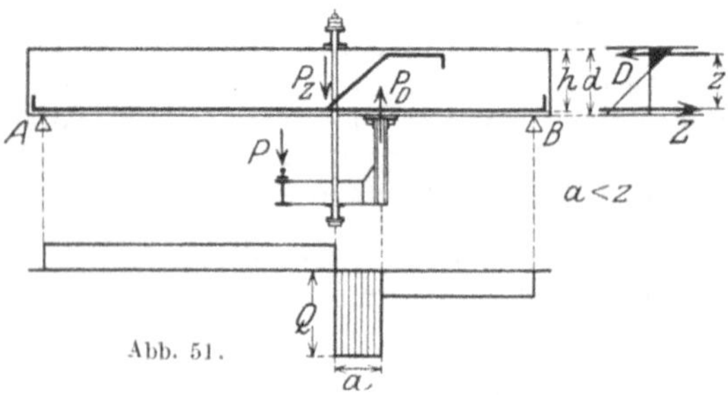

Abb. 51.

Ist das Konstruktionsglied außer auf Schub auch auf Drehung beansprucht und betragen die hierbei sich addierenden Spannungen 4 bis 14 kg/cm², dann ist außer der Schubsicherung auch eine Drehbewehrung vorzusehen[3].

Der Grenzwert 5,5 kg/cm² gilt sinngemäß nicht nur für hochwertigen Zement, sondern für hochwertigen Beton im Sinne der Punkte 3 in den Tafeln I und III (Abs. 32 und 48). — Eine

[1] „Bemessungsverfahren", Berlin: W. Ernst & Sohn 1925.

[2] Vgl. Aufsatz: „Berechnung der Abbiegungen gegen Abscheren" des Verfassers im „Bauingenieur" 1922, S. 211.

[3] Hierfür sind Angaben und Formeln enthalten in den Aufsätzen des Verfassers: „Torsionsbewehrung" im „Zentralblatt d. Bauverwaltung" 1921, S. 525 und in der „Deutschen Bauzeitung" Konstruktionsbeilage 1922, Heft Nr. 19 sowie 1923, Heft Nr. 1 (vgl. auch Absatz 50).

Erhöhung der Schubspannungsgrenze für hochwertigen Beton von 14 auf etwa 20 kg/cm² (entsprechend den Grenzwerten 4 und 5,5 kg/cm²) wäre bei Neufassung zu erwägen.

Für die Schubsicherung vgl. David-Perl: „Zahlentafeln zur Bemessung der Schubberechnung usw.“ Berlin: Hackebeil 1926.

Da die Schubsicherung gegenüber den Bestimmungen von 1916 eine Verschärfung erfahren hat, ist diese Frage in der Literatur eingehend erörtert worden. Der Verfasser ist nach wie vor der Meinung, daß die Neufassung eine Mehrbelastung für den Eisenbetonbau bedeutet. Wenn auch die volle Schubsicherung bei äußerst peinlicher Konstruktion Mehrmengen an Eisen nicht erfordert (wie es Mörsch gezeigt hat), so ist dies nur mit einem erheblichen Mehraufwand an Büro- und Baustellenarbeit (Innehaltung der Momentendeckung; vielerlei abgebogene Stäbe) zu erreichen. Meistens fehlt es an Zeit für so peinliche Konstruktion und man wird dann zu Zulageeisen greifen müssen. — Trotzdem erachtet auch der Verfasser die Forderung nach einer vollen Schubsicherung als berechtigt, da sie bei durchlaufenden Balken, die im Eisenbetonbau stark überwiegen, unerläßlich erscheint (vgl. Heft 58 des d. Ausschusses für Eisenbeton). Zur Bestätigung dessen ist allerdings zu wünschen, daß Versuche mit durchlaufenden Balken nicht nur bei voller und halber Schubsicherung, sondern auch mit Schubsicherung nach den Bestimmungen von 1916 durchgeführt werden.

136. Haftspannungen. Die Haftspannungen τ_1 brauchen nicht berechnet zu werden, wenn die Enden der Eisen mit runden oder spitzwinkligen Haken versehen und dabei die Eisen nicht stärker als 25 mm sind.

137. Wenn nur gerade Eisen mit oder ohne Bügel vorhanden sind, ist die Haftspannung aus der Gleichung

$$\tau_1 = \frac{Q}{u \cdot z} \qquad (35)$$

zu berechnen. (u = Umfang der Eisen.)

138. Sind dagegen so viele Eisen abgebogen, daß sie zusammen mit den Bügeln imstande sind, die gesamten schrägen Zugspannungen allein aufzunehmen, so ist für die Berechnung der Haftspannungen an den unteren gerade geführten Eisen nur die halbe Querkraft in Ansatz zu bringen.

Zum Verständnis des letzten Absatzes vgl. Abb. 43 (Absatz 115).

6. Säulen.

Konstruktionsgrundsätze.

139. In Säulen mit Längseisen und mit gewöhnlicher Bügelbewehrung darf bei voller Ausnutzung der zulässigen Beanspruchung σ_b der Querschnitt der Längsbewehrung F_e höchstens 3% des Betonquerschnitts ausmachen. Die Mindestlängsbewehrung soll sein bei einem Verhältnis von Säulenhöhe zur kleinsten Dicke der Säule $\frac{h}{s} \geqq 10$ 0,8%, bei einem Verhältnis $\frac{h}{s} = 5$ 0,5% des Betonquerschnitts. Zwischenwerte sind entsprechend einzuschalten. Als Säulenhöhe ist bei Hochbauten stets die volle Stockwerkshöhe in Rechnung zu stellen. Wird die Säule mit einem größeren Betonquerschnitt ausgeführt, als statisch erforderlich ist, so braucht das Bewehrungsverhältnis nur auf den statisch erforderlichen Betonquerschnitt bezogen zu werden. Die Längseisen sind durch Bügel zu verbinden, deren Abstand, von Mitte gemessen, nicht größer als die kleinste Säulendicke sein und nicht über die zwölffache Stärke der Längsstäbe hinausgehen darf.

140. Als umschnürte Säulen sind solche mit Querbewehrung nach der Schraubenlinie (Spiralbewehrung) und gleichwertigen Wicklungen[1] oder mit Ringbewehrung versehene Säulen mit kreisförmigem Kernquerschnitt anzusehen, bei denen das Verhältnis der Ganghöhe der Schraubenlinie oder des Abstandes der Ringe zum Durchmesser des Kernquerschnitts kleiner als $^1/_5$ ist. Der Abstand der Schraubenwindungen oder der Ringe soll nicht über 8 cm hinausgehen.

141. Die Längsbewehrung F_e muß mindestens $^1/_3$ der Querbewehrung F_s (vgl. Absatz 148—150) sein und darf außerdem nicht weniger als 0,8% und nicht mehr als 3% des Flächeninhalts F_b ausmachen.

142. Stützen, deren Höhe (Stockwerkshöhe) mehr als das 20fache der kleinsten Querschnittsdicke oder deren Querschnitt weniger als 52/25 cm beträgt, sind nur ausnahmsweise (z. B. bei Fenstersäulen) zulässig.

Für Säulen mit Längseisen und mit gewöhnlicher Bügelbewehrung gelten die Angaben der Abb. 52.

Für umschnürte Säulen gilt Abb. 53. Hierbei ist $F_s = \frac{\pi D f}{t}$ worin f den Querschnitt der Querbewehrungseisen bedeutet (Absatz 148). Beim Schlankheitsverhältnis ist nach dem Vorschlage von Prof. Gehler als Stützendicke umschnürter Säulen der Durchmesser D des Kernquerschnitts eingesetzt worden.

---

[1] **Die Gleichwertigkeit ist nachzuweisen.**

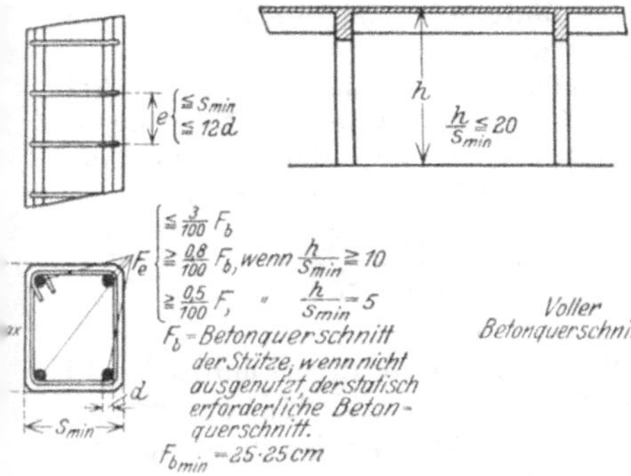

Abb. 52.

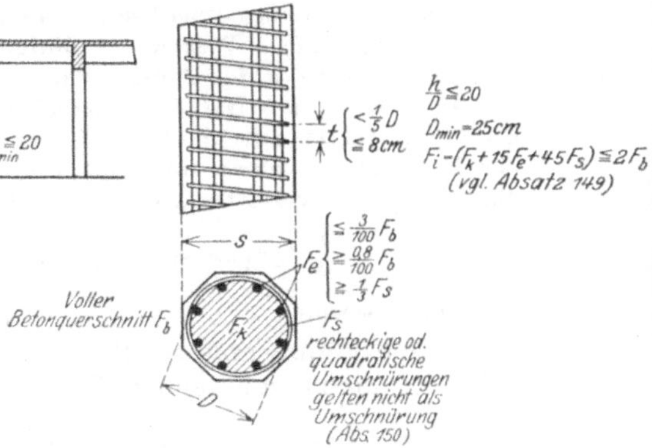

Abb. 53.

Ermittlung der äußeren Kräfte.

143. Säulen und Rahmen. Eisenbetonsäulen in fester Verbindung mit Balken sind ausnahmsweise auf Verlangen der Baupolizeibehörde auf Biegung zu untersuchen, insbesondere bei Brücken und anderen Ingenieurbauten.

144. Bei den üblichen Hochbauten brauchen die Innensäulen, die mit Eisenbetonbalken biegungsfest verbunden sind, im allgemeinen nur auf mittigen Druck, nicht auf Rahmenwirkung berechnet zu werden. Bei Randsäulen solcher Tragwerke jedoch sind, wenn keine genaue Berechnung der Rahmenwirkung angestellt wird, die Biegungsmomente am Kopfe und am Fuße (Abb. 54) mit Hilfe der Gleichungen

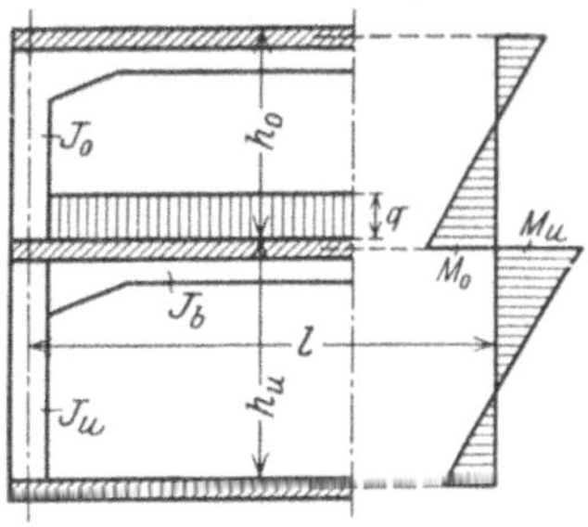

Abb. 54.
(Bestimmungen.)

$$\left.\begin{aligned} M_u &= -q \cdot \frac{l^2}{12} \cdot \frac{c_u}{c_0 + 1 + c_u}, \\ M_0 &= -q \cdot \frac{l^2}{12} \cdot \frac{c_0}{c_0 + 1 + c_u}. \end{aligned}\right\} \quad (36)$$

zu bestimmen. Hierbei ist

$$c_0 = \frac{l}{h_0} \cdot \frac{J_0}{J_b},$$

$$c_u = \frac{l}{h_u} \cdot \frac{J_u}{J_b}.$$

J_b = das Trägheitsmoment des Balkens oder Plattenbalkens (vgl. Absatz 23 u. 117). Wegen der übrigen Bezeichnungen vgl. die Gleichungen (32) unter Absatz 108.

145. Werden die Balken entsprechend Absatz 119–123 als frei drehbar gelagerte durchlaufende Träger berechnet, die Momente in den Randsäulen jedoch nach den Gleichungen (36) bestimmt, so dürfen die positiven Momente der Endfelder um den Wert

$$\frac{1}{2}(M_0 - M_u) = q \cdot \frac{l^2}{24} \cdot \frac{c_0 + c_u}{c_0 + 1 + c_u}$$

vermindert werden.

Für die Bemessung der Randsäule sind die Schnitte I und II und die hierzu gehörenden Momente M_I und M_{II} zugrunde zu legen (Abb. 55). Zur Bestimmung von M_I und M_{II} kann der Momentenverlauf dieser Abb. angenommen werden.

Betr. Endfeldmomentverminderung vgl. Abb. 56.

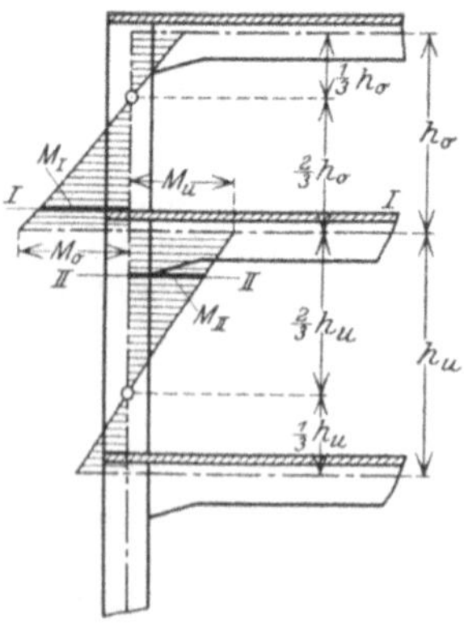

Abb. 55.

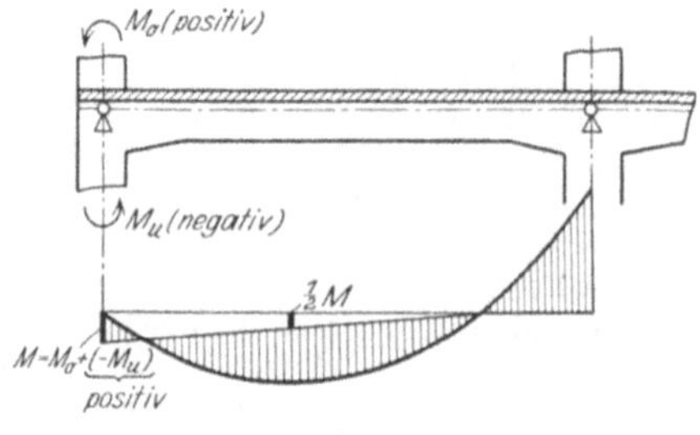

Abb. 56.

146. In Hochbauten dürfen die Stützkräfte zur Bemessung der Säulenquerschnitte und der Fundamente ermittelt werden unter Annahme allerseits frei aufliegender statisch bestimmt gelagerter Platten und Balken, so daß Zuschläge für Kontinuität und wechselweise Feldbelastung nicht in Rechnung gestellt zu werden brauchen (vgl. Absatz 126).

Bei nur 2 Balkenfeldern und bei ungleichen Stützweiten empfiehlt es sich, die durch Kontinuität verursachten Zusatzkräfte zu berücksichtigen (vgl. Absatz 126).

Ermittlung der inneren Kräfte.

147. Stützen mit gewöhnlicher Bügelbewehrung. Mittiger Druck. Bei Stützen ohne Knickgefahr und mit gewöhnlicher

Bügelbewehrung (vgl. Absatz 139) berechnet sich die zulässige mittige Belastung aus der Formel

$$P = \sigma_b \cdot (F_b + 15\,F_e) = \sigma^b \cdot F_i\,, \tag{37}$$

worin σ_b die zulässige Druckspannung des Betons für Stützen, F_b die Querschnittfläche des Betons und F_e diejenige der Längseisen bedeuten

Grenzwerte für F_e siehe Absatz 139. $F_{i\,\max} = 1{,}45\,F_b$.

148. Umschnürte Säulen. Mittiger Druck. Bei umschnürten Säulen (vgl. Absatz 140) und anderen umschnürten Druckgliedern mit kreisförmigem Kernquerschnitt soll die zulässige mittige Last aus der Formel

$$P = \sigma_b \cdot (F_k + 15\,F_e + 45\,F_s) = \sigma_b \cdot F_i \tag{38}$$

berechnet werden. Hierbei bedeuten F_k den Querschnitt des umschnürten Kerns (durch die Mitte der Querbewehrungseisen begrenzt), $F_s = \frac{\pi \cdot D \cdot f}{t}$, wenn D den mittleren Krümmungsdurchmesser der Querbewehrungseisen, f den Querschnitt der letzteren und t ihren Abstand in Richtung der Säulenachse (von Mitte zu Mitte) bezeichnen.

149. Dabei muß sein

$$F_i = (F_k + 15\,F_e + 45\,F_s) \leqq 2\,F_b\,. \tag{39}$$

150. Quadratischen oder rechteckigen Umschnürungen wird keine Erhöhung der Tragfähigkeit zuerkannt. Nach dieser Art bewehrte Säulen und Druckglieder sind nach Absatz 147 zu berechnen.

Grenzwerte für F_e vgl. Absatz 140, 141. Neue Bedingung $F_i \leqq 2\,F_b$. Die Bezeichnung t für die Ganghöhe (statt s) ist gemäß dem Vorschlag von Gehler (Erläuterungen) gewählt worden. Aus derselben Quelle sei hier angeführt, daß die Umschnürung eines besonders stark gedrückten oder auf Biegung beanspruchten Querschnittsteiles allein, wie z. B. der unteren Fasern eines durchgehenden Balkens an den Schrägen über den Stützen, vom Deutschen Ausschuß für Eisenbeton als nicht zulässig erklärt wurde. Es wäre wünschenswert, die Gründe hierfür kennenzulernen.

Der Sinn von Formel 38 geht deutlicher hervor bei folgender Schreibweise:

$$P = \sigma_b\,[F_k + 15\,(F_e + 3\,F_s)]\ *$$

* Vgl. „Eisenbetonbau“, herausgegeben vom Dtsch. Betonverein, Stuttgart: Wittwer 1926, Bd. I., S. 162 (daselbst auch Bemessungstafeln).

151. Knickberechnung mittig belasteter Stützen. Mittig belastete Stützen, deren Höhe bei quadratischem und rechteckigem Querschnitt mehr als das 15fache, bei umschnürtem Kernquerschnitt mehr als das 13fache der kleinsten Stützendicke beträgt, sind auf Knicksicherheit zu untersuchen. Hierzu ist statt der Gleichungen (37) und (38) die folgende zu verwenden:

$$\omega \cdot P = \sigma_{b\,\mathrm{zul}} \cdot F_i \,. \qquad (40)$$

worin ω die Knickzahl, d. i. das Verhältnis der zulässigen Druckbeanspruchung $\sigma_{b\,\mathrm{zul}}$ zur zulässigen Knickbeanspruchung $\sigma_{k\,\mathrm{zul}}$ darstellt und aus der Tafel in Absatz 34 zu entnehmen ist.

152. Als Höhe der Stützen ist bei Hochbauten stets die volle Stockwerkshöhe in Rechnung zu stellen.

153. Ist bei rechteckigen Stützen das Ausknicken nach der Ebene des kleinsten Trägheitsmomentes durch Aussteifung oder dgl. mit voller Sicherheit ausgeschlossen, so ist unter s die größere Querschnittseite zu verstehen.

Bei umschnürten Säulen gilt als Stützendicke der Durchmesser D des Kernquerschnitts (vgl. Bemerkung zu Absatz 142).

154. Außermittiger Druck. Ist eine Stütze außermittig belastet, oder ist die Möglichkeit vorhanden, daß sie seitliche Kräfte erhält, so darf die aus der Gleichung

$$\sigma = \frac{P}{F_i} \pm \frac{M}{W_i} \qquad (41)$$

errechnete Kantenpressung den im Abs. 35—48 angegebenen Wert nicht überschreiten. Die Gleichung (41) darf auch dann noch angewendet werden, wenn sich daraus auf der einen Seite eine Zugspannung ergibt, die nicht größer ist als $^1/_5$ der zulässigen Betondruckspannung (Abb. 57). Geht die Zugspannung über dieses Maß hinaus, so muß die Zugzone bei der Spannungsberechnung außer Ansatz bleiben.

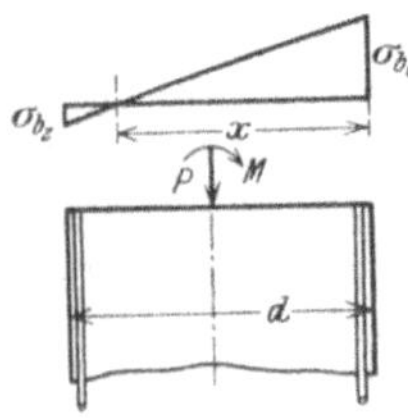

Abb. 57. (Bestimmungen.)

Nach Gehler (Erläuterungen) darf außerdem $\sigma = \frac{P}{F_i}$ nicht größere Spannungswerte ergeben, als für mittigen Druck (Absatz 32 bis 34) zulässig.

155. In die Gleichung (41) ist für F_i der jeweils zutreffende Klammerwert aus den Gleichungen (37) und (38) einzusetzen und W_i dem Querschnitt $F_b + 15\,F_e$ entsprechend zu bilden.

156. Die Eiseneinlagen sind in jedem Falle so zu berechnen, daß sie ohne Mitwirkung des Betons alle Zugspannungen aufnehmen können.

157. Knickberechnung außermittig belasteter Stützen. Geht das Verhältnis der Stützenhöhe zur kleinsten Stützendicke über

die in Absatz 151 angegebenen Grenzen hinaus, so ist in der Gleichung (41) P durch $\omega \cdot P$ zu ersetzen. Die Knickzahl ω ist der in Absatz 34 enthaltenen Tafel zu entnehmen.

158. Die beiden Absätze 152 und 153 gelten auch hier.

7. Sondervorschriften für Eisenbahnbrücken.

159. Bei Platten, Balken und Plattenbalken unter Eisenbahngleisen dürfen nicht mehr als zwei Reihen Eisen übereinander angeordnet werden. Der Durchmesser der Eisen darf 40 mm nicht überschreiten. Der lichte Abstand der Eisen muß stets mindestens gleich ihrem Durchmesser und darf nicht kleiner als 2 cm sein.

Durch diese Vorschrift sollen vor allem breite und hohe Rippen erzielt werden, die eine mäßige Zugspannung im Rippenbeton ergeben, um Risse zu vermeiden.

160. Die zur Aufnahme der Schubspannungen dienenden Eisen sind nach dem doppelten oder mehrfachen Strebensystem symmetrisch zur senkrechten Querschnittsachse des Trägers aufzubiegen. Aussparungen im Balken (Nischen und Durchbrechungen) zur Gewichtsersparnis sind nicht zulässig.

161. Die Bettung, gerechnet von der Oberkante der Dichtungsschutzschicht bis zur Schwellenoberkante, muß mindestens 40 cm betragen.

162. Bei der statischen Berechnung von Brücken unter Eisenbahngleisen ist mit Einzellasten zu rechnen, wobei aber in der Richtung rechtwinklig zur Stützweite eine Verteilung der Einzellasten unter 45° bis zur Oberkante der tragenden Teile angenommen werden kann.

Ob diese Vorschriften auch für Brücken unter Privatanschlußgleisen gelten, muß von Fall zu Fall entschieden werden (Gehler, Erläuterungen).

B. Bestimmungen für Ausführung ebener Steindecken.

163. Die „Bestimmungen für Ausführung von Bauwerken aus Eisenbeton" sind auch für ebene Decken aus Steinen mit Eiseneinlagen anzuwenden, wenn in den nachfolgenden Bestimmungen nichts anderes vorgeschrieben ist.

I. Allgemeines.

§ 1. Begriffsfestsetzungen und Geltungsbereich.

164. Steineisendecken im Sinne dieser Bestimmungen sind mit Eisen bewehrte Steindecken mit oder ohne Betondruckschicht, bei

denen die Steine (Voll- oder Hohlsteine) zur Aufnahme von Druckspannungen herangezogen werden und die Betondruckschicht 5 cm Stärke nicht erreicht.

165. Eisenlose Steindecken. Für diese Decken sind die Vorschriften in Abschnitt V (Absatz 199 und 200) maßgebend.

166. Eisenbetonrippendecken sind Decken mit höchstens 70 cm lichtem Rippenabstand und einer mindestens 5 cm starken Druckplatte. Diese Decken können zur Erzielung der ebenen Unteransicht statisch unwirksame Hohlstein- oder andere Füllkörpereinlagen enthalten. Sie fallen unter die „Bestimmungen für Ausführung von Bauwerken aus Eisenbeton".

Für die Betondruckschicht ist nach einer Entscheidung auch das Maß von 5 cm zulässig.

Wichtig ist, daß die Betondruckschicht zeitlich unmittelbar anschließend an die Vermauerung der Steinlage erfolgt, um ihren Zusammenhang mit dem Fugenbeton und somit ihre statische Wirksamkeit zu sichern. Nach Gehler (Erläuterungen) sollen die Außenflächen der Steine zur guten Haftung rauh oder mit Rillen versehen sein.

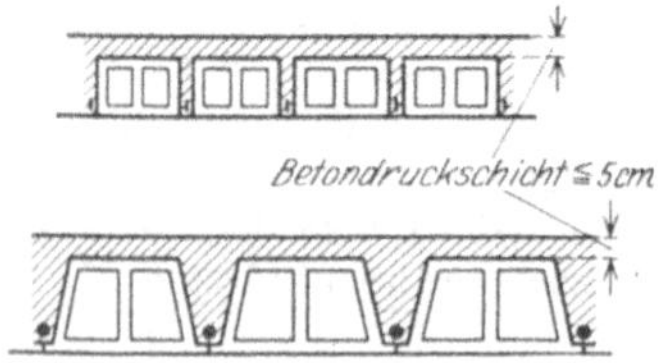

Abb. 58.

Steineisendecken vgl. Abb. 58.

Über Eisenbetonrippendecken vgl. Absatz 74—79.

§ 2. Belastungsannahmen.

167. Für die Belastungsannahmen sind die in den einzelnen Ländern jeweils gültigen amtlichen Vorschriften zu beachten[1].

(Vgl. die Bemerkungen zu Abs. 13 und 14). Für die Fahrstraßendecken von Autogaragen sind Steindecken nicht zu empfehlen und werden von manchen Baupolizeibehörden nicht zugelassen.

§ 3. Höhe der Decken und Deckensteine.

168. Für die Abmessungen der Decken gelten die Vorschriften über Deckenstärken in den „Bestimmungen für Ausführung von Bauwerken aus Eisenbeton" mit der Maßgabe, daß die Deckenstärke

[1] Für Preußen gelten die vom Minister für Volkswohlfahrt herausgegebenen Bestimmungen über die bei Hochbauten anzunehmenden Belastungen vom 24. XII. 1919 (Zbl. Bauverw. 1920, S. 45). Diese Bestimmungen sind mit geringen Änderungen auch in Baden, Hessen, Württemberg, Oldenburg, Schaumburg-Lippe, Bremen und Anhalt eingeführt.

mindestens 10 cm betragen muß. Ausgenommen hiervon sind Dacheindeckungen, die mindestens 6 cm stark sein müssen. (Vgl. Abs. 52, 53 der genannten Bestimmungen.)

169. Die größte Höhe der Deckensteine darf nicht mehr als 20 cm betragen.

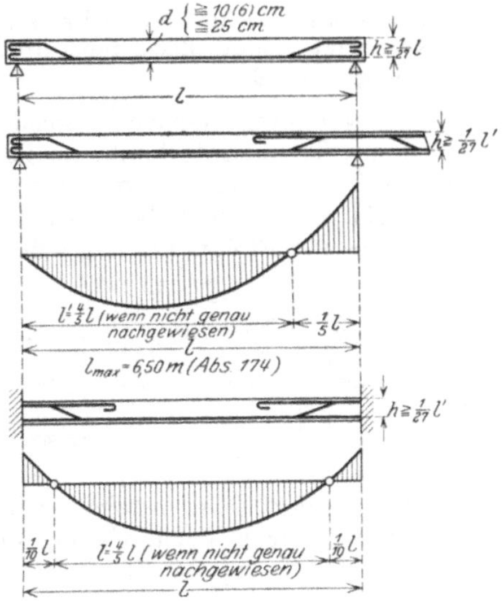

Abb. 59.

Die kleinste Nutzhöhe h ist demnach $^1/_{27}\, l$, bei durchlaufenden Platten $^1/_{27}\, ^4/_5\, l$, vgl. Abb. 59. Für die Mindeststärke der Dachdecken und untergehängten Decken im Verhältnis zur Stützweite vgl. den im Absatz 52 angeführten Erlaß. Vgl. auch Absatz 174 und 175.

§ 4. Prüfung und Behandlung der Deckensteine.

170. Es ist sorgfältig darüber zu wachen, daß die verwendeten Steine auch wirklich von gleicher Güte sind wie jene, auf welche sich die Prüfungszeugnisse amtlicher Versuchanstalten beziehen. Die Prüfungen sind daher nötigenfalls auf Veranlassung der Baupolizeibehörde an einer ausreichenden Anzahl von Probesteinen zu wiederholen. Die Steine müssen vor der Bearbeitung gründlich durchfeuchtet und während der Abbinde- und Erhärtungszeit ausreichend angenäßt werden.

Das Durchfeuchten geschieht am besten an der Steinstapelstelle mittels Überbrausen, wobei die Steine gleichzeitig vom anhaftenden Staub befreit werden. Die Feuchtigkeit dringt hierbei in den Stein und reibt die Hände des Maurers nicht in der Weise auf, wie eine angenäßte Oberfläche.

§ 5. Anfängersteine.

171. Bei Steindecken Kleinescher Art sind sogenannte Anfänger- und Trägerummantelungssteine nur zulässig, wenn sie über der Aussparung für den Trägerflansch mindestens 7 cm stark sind. Sie dürfen Löcher von höchstens 2 cm Durchmesser erhalten. Die Wandstärke darf aber an keiner Stelle weniger als 2 cm betragen.

172. Werden Anfänger- oder Trägerummantelungssteine verwendet, so müssen die Eisen durch Hochbiegen bis an den Trägersteg herangeführt werden.

Anfängersteine werden verwendet, wenn die Deckenunterkante mit Trägerunterkante abschneidet (vgl. Abb. 60) oder noch tiefer zu liegen kommt. Zur Zeit sind solche Steine am Baumarkt nicht zu haben. Die Auflagerung der Decke am Trägerflansch erfolgt entweder durch Vollbeton oder mittels

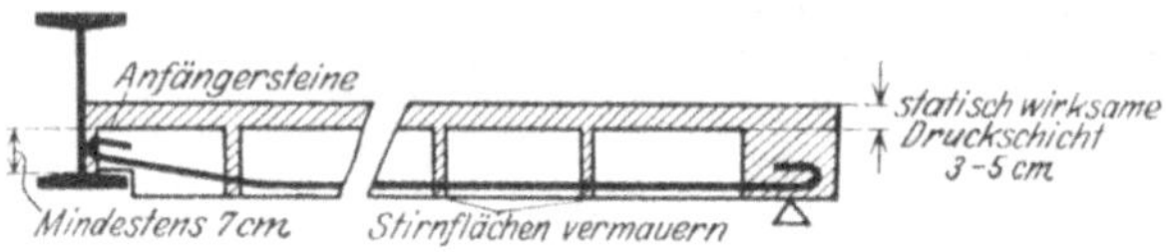

Abb. 60.

Ausklinkens der Deckensteine. Bei ausgeklinkten Steindecken ist auf die durch Verminderung der Deckenstärke hervorgerufene Vergrößerung der Schubspannung am Auflager zu achten.

§ 6. Druckschicht aus Beton und Steinen.

173. Betondruckschichten dürfen nur dann als statisch wirksam in Rechnung gestellt werden, wenn sie mindestens 3 cm stark sind. Bei einer Stärke von 5 cm und mehr sind die Decken als Eisenbetonrippendecken mit Füllkörpern gemäß Abs. 74—79 zu behandeln. Bei Steindecken sind die Stirnflächen der Steine zu vermauern, so daß die Stoßfugen Druckkräfte übertragen können.

Frisch vermauerte Steindecken dürfen ohne besondere Vorkehrungen (starke Bohlen) nicht begangen werden, da sonst durch die Nachgiebigkeit der Schalung ein Klaffen der Stoßfugen eintritt und die Druckübertragung nicht genügend gewährleistet ist.

§ 7. Spannweite der Decke.

174. Die Stützweite der Steineisendecken darf die 27fache Nutzhöhe nicht überschreiten und höchstens 6,50 m betragen. Weiter gespannte Decken müssen als Eisenbetonrippendecken (Absatz 74 bis 79) ausgebildet werden.

175. Für Dachdecken kann ausnahmsweise eine geringere Nutzhöhe als $1/27$ der Stützweite zugelassen werden, wenn vorschriftsmäßige Prüfungen die Tragfähigkeit solcher Decken erwiesen haben.

Betr. Nutzhöhe vgl. Absatz 168.

§ 8. Eiseneinlagen.

176. In jeder Fuge soll nicht mehr als ein Eisen liegen. Bei der Verwendung von Rundeisen muß die Mörtelstärke unterhalb der Eisen mindestens 1 cm, bei Flacheisen (Bandeisen) mindestens 1/2 cm betragen.

177. Die Fugen mit Eiseneinlagen müssen mindestens 2 cm stark sein, wenn nicht die Rücksicht auf allseitige Umhüllung der Eisen in mindestens 0,5 cm Stärke eine größere Fugenbreite erfordert[1].

178. Die Eiseneinlagen dürfen ausnahmsweise in verschiedenen Fugen verschiedenen Querschnitt haben. Bei Decken aus Steinen Kleinescher Art ist es in besonderen Fällen geringer Spannweite und besonders kleiner Nutzlast gestattet, die Eiseneinlagen mehrerer Fugen auf einen Eisen- und Fugenquerschnitt zu vereinigen, wobei jedoch nur höchstens zwei nebeneinanderliegende Fugen ohne Eiseneinlage sein dürfen.

Für Absatz 176 u. 177 gilt die Abb. 61.

Betr. Absatz 178 ist nach einem Aufsatz von Roll („Beton und Eisen" 1928, S. 386) wegen gleichmäßiger Spannungsver-

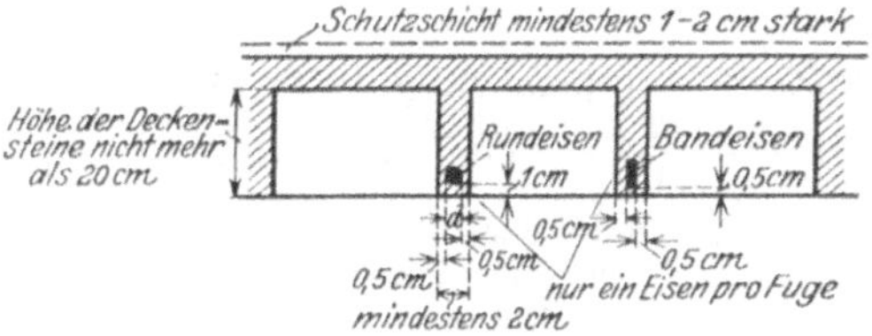

Abb. 61.

teilung erwünscht, daß bei verschiedenem Eisenquerschnitt zwei in der Staffelung unmittelbar aufeinanderfolgende Eisenquerschnitte (z. B. ⌀ 8 mm und ⌀ 10 mm, aber nicht ⌀ 8 mm und ⌀ 12 mm) Verwendung finden.

Die Vereinigung der Eiseneinlagen mehrerer Fugen auf einen Eisen- und Fugenquerschnitt ist erst dann zu empfehlen, wenn der pro Fuge erforderliche Eisenquerschnitt geringer ist als der Querschnitt eines Rundeisens ⌀ 7 mm Es ist nicht ratsam, schwächere Tragstäbe zu verwenden, da sie sich zu leicht verbiegen und ihre richtige Lage dann nicht genügend gesichert erscheint.

---

[1] **Bei Decken mit 10 cm hohen Steinen und bei Verwendung von Flacheisen können geringe Abweichungen von der verlangten Fugenbreite mit Rücksicht auf die Fugenteilung zugelassen werden.** (Bei 6 Flacheisen pro Meter ist die Fugenbreite ca. 1,7 cm).

§ 9. Schutzschicht.

179. Alle Steineisendecken sind zur Verhütung der Abnutzung der tragenden Teile mit einer besonderen Schutzschicht zu versehen. Zu diesem Zweck darf ein genügend widerstandsfähiger Belagstoff in 1—2 cm Stärke verwendet werden.

Vgl. Abb. 61.

II. Ermittlung der äußeren Kräfte.

§ 10. Decken zwischen Mauerwerk.

180. Decken, die beiderseits auf Mauerwerk aufliegen, sind mit einem Moment von $\frac{q \cdot l^2}{8}$ zu berechnen; nur wenn die erforderliche Einspannung nachgewiesen werden kann und die Decken gleichzeitig mit dem Mauerwerk hergestellt werden, darf mit $\frac{q \cdot l^2}{10}$ gerechnet werden. In diesem Falle ist abwechselnd ein Eisen nach oben abzubiegen und das andere geradlinig durchzuführen. Bei Verwendung von Flacheisen (Bandeisen) sind obere Eisen in der erforderlichen Anzahl anzuordnen.

Für die erforderliche Einspannung gilt der Momenten-Unterschied, also $\frac{ql^2}{40}\left(=\frac{ql^2}{8}-\frac{ql^2}{10}\right)$. Wenn Einspannung am Mauerwerk angenommen wird, muß das aufgehende Mauerwerk gleichzeitig mit der Decke hergestellt werden oder es müssen die Auflagerschlitze sorgfältig mit Beton verstopft werden.

181. Wenn freie Auflagerung im Mauerwerk angenommen wird, muß gleichwohl durch obere Eiseneinlagen einer etwa doch vorhandenen, unbeabsichtigten Einspannung Rechnung getragen werden.

Über beabsichtigte und unbeabsichtigte Einspannung siehe Erläuterung zu Absatz 63 und 64 nebst Abb. 15.

§ 11. Decken zwischen eisernen Trägern.

182. Decken, die beiderseits auf den unteren Flanschen eiserner Träger aufliegen und dicht an die Stege dieser Träger anschließen, sowie Decken, die auf gestelzten Auflagern über den Unterflanschen eiserner Träger aufliegen und bei denen eine Verspannung zwischen Decke und Trägeroberflansch durch Beton hergestellt wird, dürfen als teilweise eingespannt angesehen und nach der Gleichung $M = \frac{q \cdot l^2}{10}$ berechnet werden. Dabei ist vorausgesetzt, daß die gestelzten Auflager aus Beton im Mischungsverhältnis 1 : 4 bestehen und mit einer Neigung — nicht steiler als 3 : 1 — an die Decken anschließen. Die

Eiseneinlagen sind dann ebenso anzuordnen und zu behandeln wie nach § 10. (Absatz 180 u. 181.)

Im obigen Text kommt nicht eindeutig zum Ausdruck, daß die Stelzung vom unteren Trägerflansch bis zum oberen hinaufreichen muß. Das ist zur Erreichung eines Einspannungsmomentes erforderlich (Abb. 62).

Abb. 62.

Die Stelzung muß gut feucht gehalten werden, da sonst das Schwinden ein Loslösen des Betons vom Steg und somit Lockerung der Einspannung bewirken kann.

Bei Deckenfeldern zwischen Träger und Mauerwerk kann mit $\frac{ql^2}{9}$ gerechnet werden $\left(\text{als Mittelwert zwischen } \frac{ql^2}{8} \text{ und } \frac{ql^2}{10}\right)$, vorausgesetzt, daß der Deckenanschluß beim Träger nach obigen Vorschriften erfolgt. — Werden die Decken an die Träger nicht nach obigen Vorschriften angeschlossen, dann sind sie als beiderseits frei aufliegende Platten zu betrachten.

§ 12. Ansteigende Decken (Treppen).

183. Ansteigende Steindecken (Treppenläufe) gelten im allgemeinen nicht als halb eingespannte Decken und müssen wie frei aufliegende Decken mit $M = \frac{q \cdot l^2}{8}$ berechnet werden.

184. Ausnahmsweise kann jedoch auch mit $\frac{q \cdot l^2}{10}$ gerechnet werden, wenn besondere Vorkehrungen für eine sichere Einspannung getroffen sind (Umbiegen der oberen Eisen um die Flanschen).

185. Für die Länge l und die Einheitslast q ist die Grundrißprojektion des Treppenlaufes einzuführen.

§ 13. Durchlaufende Steineisendecken.

186. Durchlaufende Steineisendecken gleicher Stützweiten oder auch ungleicher Stützweiten, bei denen die kleinste noch mindestens 0,8 der größten ist, dürfen im Falle gleichmäßig verteilter Belastung berechnet werden nach dem Moment $\frac{q \cdot l^2}{15}$ in den Innenfeldern und $\frac{q \cdot l^2}{11}$ in den Endfeldern. Erhalten die Steineisendecken an ihren Innenstützen Auflagerverstärkungen, deren Breite mindestens $^1/_{10}\, l$ und deren Höhe mindestens $^1/_{30}\, l$, gemäß Abb. 63, beträgt, so dürfen

diese Decken für die Innenfelder mit $\frac{q \cdot l^2}{18}$, für die Endfelder mit $\frac{q \cdot l^2}{12}$ berechnet werden. Als negative Stützmomente sind bei Decken über nur 2 Feldern $M_s = -\frac{1}{8} q \cdot l^2$, mit 3 oder mehr Feldern an der Innenstütze des Randfeldes $M_s = -\frac{1}{9} q \cdot l^2$, an den übrigen Innenstützen $M_s = -\frac{1}{10} q \cdot l^2$ anzunehmen.

187. Im Bereiche der negativen Momente, also in einer Breite von $^1/_6\, l$ zu beiden Seiten der Innenstützen ist voller Beton zu verwenden. Auf die gleiche Breite müssen die aufgebogenen Deckeneisen in das Nachbarfeld eingreifen. Bei den aus eisernen Trägern gebildeten Balken können die Deckeneisen um den oberen Träger-

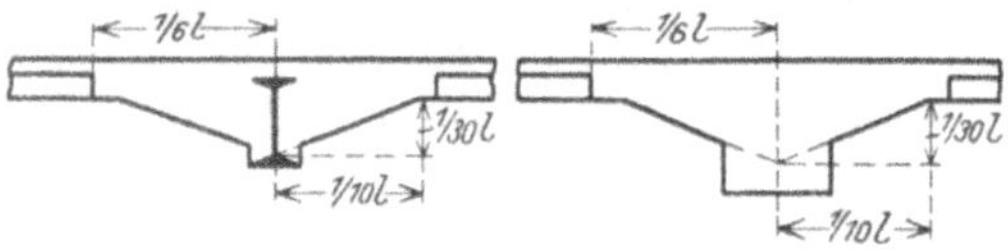

Abb. 63.
(Bestimmungen.)

flansch gehakt werden; dann müssen zur Aufnahme der negativen Momente, soweit der volle Beton reicht, obere Eisen in der hierfür erforderlichen Stärke und Anzahl über die Träger hinweggelegt werden. Die Betondeckung über den Trägern muß mindestens 4 cm stark sein.

188. Werden Steineisendecken zwischen Eisenbetonbalken gespannt, so können sie als Druckquerschnitt dieser Balken nur insoweit in Rechnung gestellt werden, als der volle Beton der Deckenfelder reicht.

Die vorgeschriebenen Vollbetonstreifen von der Breite $\frac{1}{6}\, l$ sind durch die negativen Momente allein nicht voll begründet, es soll damit auch vermieden werden, daß die übergreifenden Eiseneinlagen die Fugen abschließen und Nesterbildungen beim Betonieren ermöglichen. Bei Steindecken mit Überbeton fällt diese Ursache fort, so daß dann die Ausbildung der Vollbetonstreifen nur in der durch den Spannungsnachweis bedingten Breite zu erwägen wäre. Dasselbe gilt auch für Steindecken ohne Betondruckschicht, wenn etwas größere Fugenbreiten angeordnet werden, so daß die übergreifenden Eisen für das Betonieren der Fugen genügend Spielraum belassen.

Zur zweiten Hälfte von Absatz 187 sei bemerkt, daß im Falle der um den Trägerflansch gehakten Eisen die abgebogenen Stäbe nur ihrem einfachen Querschnitt entsprechende negative

Momente aufnehmen, im Gegensatz zu abgebogenen Eisen, die in die Nachbarfelder eingreifen. Eine volle Deckung der negativen Momente wird hierdurch in der Regel nicht zu erreichen sein, für den Momentenüberschuß müssen dann Zulageeisen von der Länge $2 \cdot \frac{1}{6} l = \frac{1}{3} l$ angeordnet werden.

Zum vorstehenden Paragraphen sei noch bemerkt (vgl. den unter Absatz 178 genannten Aufsatz von Roll), daß eine Festlegung der Verteilungsbreite von Einzellasten noch nicht erfolgt ist. Es wird empfohlen, die Verteilungsbreite nicht so groß wie bei Eisenbetonplatten (Absatz 72), für Leichtsteindachdecken höchstens mit 1,0 m anzunehmen. — Für Durchfahrten, befahrbare Hofkellerdecken u. dgl. werden Steindecken von manchen Baupolizeibehörden nicht zugelassen.

III. Ermittlung der inneren Kräfte.

§ 14. Elastizitätsmaß.

189. Die Spannungen im Deckenquerschnitt sind unter der Annahme zu berechnen, daß das Elastizitätsmaß des Steinkörpers ein Fünfzehntel von dem des Eisens beträgt.

Also $n = 15$; $E = 140000$ kg/cm².

§ 15. Druckfestigkeit.

190. Als Druckquerschnitt gilt der volle Beton- und Steinquerschnitt ohne Abzug etwaiger Hohlräume in den Steinen.

191. Die Steindruckfestigkeit *S* wird bestimmt als Mittelwert aus den Ergebnissen von etwa 10 Versuchen als die Spannung bei dem Bruch, bezogen auf den Steinquerschnitt bei Abzug etwaiger Hohlräume. Bei der Prüfung soll der Druck in der Richtung ausgeübt werden, in der die Steine beansprucht werden.

Zu Absatz 190 sei auf Grund des unter Absatz 178 genannten Aufsatzes von Roll bemerkt, daß die Wanddicke der Steine mindestens 1,7 cm, bei den 6 cm und mehr hohen Dachdeckensteinen mindestens 1,0 cm sein muß, da sonst die wirklich auftretenden Druckspannungen erheblich über die bei der Berechnung als Vollplatte sich ergebenden Spannungswerte steigen.

IV. Zulässige Spannungen.

§ 16. Biegungsspannungen.

192. Die in der folgenden Tafel V angegebenen Beanspruchungen sind unter folgenden Voraussetzungen zulässig:

193. Bei der Herstellung der Steindecken ist Zementmörtel im Mischungsverhältnis 1 : 4 mit höchstens 7% Weißkalkzusatz zu verwenden.

194. Die Betondruckschicht von mindestens 3 cm Stärke (vgl. § 6, Absatz 173) muß im Mischungsverhältnis von 1 R.-T. Zement auf 4 R.-T. Kiessand hergestellt sein.

195. Tafel V.

Art des Bauwerks oder des Bauteils	Biegedruckspannung σ_s bzw. σ_b in kg/cm²		Eisenzugspannung σ_e in kg/cm²
	bei Steindecken ohne statisch wirksame Betonschicht	bei Steindecken mit Betondruckschicht von mindestens 3 cm, aber weniger als 5 cm Stärke	
a) Decken in Hochbauten mit vorwiegend ruhenden Lasten	1/7 der nachgewiesenen Steindruckfestigkeit *S*, höchstens 36	36	1200
b) Decken in Fabriken u. dgl., die der unmittelbaren Einwirkung von Erschütterungen ausgesetzt sind, sowie Treppen	1/8 *S*, höchstens 30	30	1000
c) Decken in Durchfahrten u. Hofunterkellerungen, sowie sonstige Decken, die sehr stark erschüttert werden (z. B. durch schwere Maschinen)	1/9 *S*, höchstens 27	27	900

§ 17. Schubspannungen.

196. Die zulässige Schubspannung τ_0 der Deckensteine wird auf 2,5 kg/cm² festgesetzt. Bei größerer Schubspannung sind Vollsteine oder Vollbeton zu wählen und die Schubspannungen im Bereiche der höheren Werte vollständig durch Eisen aufzunehmen.

197. Die Schubspannung wird aus der Gleichung $\tau_0 = \frac{Q}{b_0 \cdot z}$ ermittelt, worin bedeuten: Q die Querkraft, b_0 die auf 1 m Deckenbreite nach Abzug der Hohlräume noch vorhandene gesamte Stein- und Fugenbreite und z den Abstand des Eisenschwerpunktes vom Druckmittelpunkte. Die angegebenen Werte für τ_0 und b_0 gelten auch für Decken mit Betondruckschicht.

Nach Absatz 196 sind die Schubspannungen nur im schraffierten Trapezbereich der Abb. 64 durch Eisen aufzunehmen. Durch Anordnung der Vollstreifen verringern sich in diesem Bereich die Schubspannungsordinaten (da keine Hohlräume) und ihr Größtwert wird selten den für das Steinmaterial zugelassenen Wert von 2,5 kg/cm², noch weniger den für Beton zulässigen Wert von 4,0 kg/cm² erreichen (vgl. Abb. 64). Die Bestimmung kann so ausgelegt werden, daß innerhalb des Vollstreifens nur dasjenige Spannungsbereich vollständig durch Eisen aufzunehmen ist, das höhere Werte als 2,5 kg/cm² bei Vollsteinen bzw. 4,0 kg/cm² bei Vollbeton aufweist. Vollsteine oder Vollbeton sind auch an den Mauerwerksauflagern der Steindecken zu verwenden, damit das Deckenauflager den Mauerwerkslasten standhalten kann.

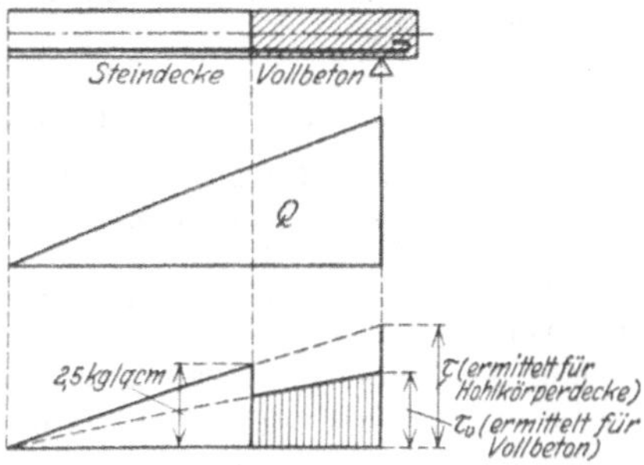

Abb. 64.

§ 18. Haftspannungen.

198. Die zulässige Haftspannung τ_1 beträgt bei Rundeisen 4,5 kg/cm², bei Flacheisen 3 kg/cm². Überschreiten die Haftspannungen diese Maße, so sind Rundeisen zu wählen und mit Haken zu versehen.

V. Eisenlose Steindecken (§ 19).

199. Auf ebene Decken ohne Eiseneinlagen sind vorstehende Vorschriften nicht anwendbar.

200. Solche Decken sind, falls sie aus Steinen Kleinescher oder ähnlicher Art unter Verwendung guter Materialien (Mörtel wie bei den Steineisendecken) sachgemäß ausgeführt werden und Vorkehrungen zur Aufnahme des wagerechten Schubes getroffen sind,

auf Grund bisheriger Erfahrungen und Probebelastungen mit folgenden Spannweiten zulässig:

bei Wohngebäuden:

bis	=	**1,30 m**	**bei**	**10 cm**	**hohen**	**Steinen**
„	=	**1,40 m**	„	**12 cm**	„	„

bei Fabrikgebäuden:

bis	=	**1,00 m**	**bei**	**10 cm**	**hohen**	**Steinen**
„	=	**1,10 m**	„	**12 cm**	„	„

wobei vorausgesetzt wird, daß die Schalung mit Stich von 3—5 cm ausgeführt wird.

VI. Neue Bauweisen (§ 20).

201. Anträge auf Zulassung neuer Bauweisen für ebene Steindecken mit und ohne Eiseneinlagen sind den in den einzelnen Ländern hierfür zuständigen Stellen[1] mit den notwendigen Beschreibungen der Bauteile und Ausführung, den Zeichnungen und statischen Berechnungen, sowie den Steinproben zur Begutachtung und Feststellung der Zulassungsbedingungen vorzulegen. Probebelastungen, die für erforderlich gehalten werden, sind im Benehmen mit diesen Stellen durch die staatlichen Versuchsanstalten auszuführen.

202. Wegen der durch die baupolizeiliche Überwachung entstehenden Kosten wird für Preußen auf den Runderlaß des Ministers der öffentlichen Arbeiten vom 16. IV. 1904 — III. B. 2786 — (Zbl. Bauverw. 1904, S. 253) und auf den Runderlaß des Preußischen Ministers für Volkswohlfahrt vom 21. III. 1923 — II. 9. Nr. 206 — (Volkswohlfahrt Nr. 9, S. 212/13) verwiesen.

---

[1] Die hierfür zuständigen Stellen in den einzelnen Ländern sind:

In Preußen die staatliche Prüfungsstelle für statische Berechnungen in Berlin NW 40, Invalidenstraße 52,

In Bayern das Mechanisch-technische Laboratorium in München und das Materialprüfungsamt der Bayerischen Landesgewerbeanstalt in Nürnberg,

In Sachsen der Sachverständigen-Ausschuß für einheitliche Prüfung von Baustoffen und Baukonstruktionen beim Ministerium des Innern in Dresden,

In Hessen die Ministerialabteilung für Bauwesen in Darmstadt,

In Anhalt die staatliche Prüfungsstelle für statische Berechnungen bei der Regierung, Abt. des Innern, in Dessau, Landesbehördenhaus I,

In Hamburg (Geltungsbereich der Bauordnung für die Stadt Hamburg vom 19. VII. 1918) die Abteilung für statische Prüfungen der Baupolizeibehörde, Hamburg 11, Admiralitätsstr. 56,

In Lübeck die Baupolizeibehörde (Polizeidienstgebäude).

Schlagwortverzeichnis
für den Text der Bestimmungen.

(Die Zahlen bedeuten die Nummern der Absätze.)

Gegenüberstellung der Text-, Formel- und Abbildungs-Numerierung in den Bestimmungen und im vorliegenden Heft.

I. In der Reihenfolge der Bestimmungen.

a) Text.

A. Eisenbetonbestimmungen Teil II. Konstruktionsgrundsätze und Leitsätze für die statische Berechnung.

In den Bestimmungen		Im vorliegenden Heft	In den Bestimmungen		Im vorliegenden Heft
	Punkt	Absatz		Punkt	Absatz
§ 14	1	1		9	94—110
	2	2		10	118
	3	3—7		11	119—123
	4	8		12	124, 125
	5	9—11		13	126
	6	12		14	127—130
	7	52, 81, 53—56		15	143—145
	8	74—78		16	146
	9	90—93		17	162
	10	111—116	§ 18	1	26
	11	139—142		2	27
	12	159, 160		3	28
	13	161		4	131—135
§ 15	1	13		5	136—138
	2	14		6	147
§ 16	1. Absatz	15		7	148—150
	1	16, 17		8	151—153
	2	18—20		9	154—156
	3	21		10	157, 158
§ 17	1	22, 23, 117, 24, 25	§ 19	1	29, 30
	2	57—59		2	31, 32
	3	60—71		3	33, 34
	4	72		4	35—48
	5	73		5	49
	6	79		6	50
	7	80		7	51
		82—89			

In den Bestimmungen	Im vorliegenden Heft	In den Bestimmungen	Im vorliegenden Heft

B. Steindecken-Bestimmungen.

Punkt	Absatz	Punkt	Absatz
1. Absatz	163	11	182
§ 1	164—166	12	183—185
2	167	13	186—188
3	168, 169	14	189
4	170	15	190, 191
5	171, 172	16	192—195
6	173	17	196, 197
7	174, 175	18	198
8	176—178	19	199, 200
9	179	20	201, 202
10	180, 181		

b) Formeln.

Formel	Formel	Im Absatz	Formel	Formel	Im Absatz
1	2	66	14	30	106
2	3	66	15	31	107
3	4	68	16	32	108
4	5	69	17	33	121
5	6	70	18	36	144
6	7	71	19	34	134
7	8	86	20	35	137
8	9	86	21	37	147
9	10	87	22	38	148
10	11	87	23	39	149
11	12	87	24	40	151
12	28	104	25	41	154
13	29	105	26	1	31

c) Abbildungen und Tafeln.

Abbildung	Abbildung	Im Abs.	Abbildung	Abbildung	Im Abs.
1	35	91	11	57	154
2	36	91	12	9	31
3	16	66	Abb. für Steindecken	63	187
4a	17	72			
4b	18	72			
5	22	86	Tafel II	I	32
6	23	87	Tafel III	II	34
7	39	100	Tafel IV	III	48
8	47	128	Tafel für Steindecken	V	195
9	48	129			
10	54	144			

II. In der Reihenfolge des vorliegenden Heftes.

Im vorliegenden Heft	In den Bestimmungen	Im vorliegenden Heft	In den Bestimmungen

a) Text

A. Eisenbetonbestimmungen Teil II. Konstruktionsgrundsätze und Leitsätze für die statische Berechnung.

Absatz	§	Punkt	Absatz	§	Punkt
1	14	1	74—78	14	8
2	14	2	79	17	6
3—7	14	3	80	17	7
8	14	4	81	14	7
9—11	14	5	82—89	17	8
12	14	6	90—93	14	9
13	15	1	94—110	17	9
14	15	2	111—116	14	10
15	16	1. Absatz	117	17	1
16, 17	16	1	118	17	10
18—20	16	2	119—123	17	11
21	16	3	124, 125	17	12
22—25	17	1	126	17	13
26	18	1	127—130	17	14
27	18	2	131—135	18	4
28	18	3	136—138	18	5
29, 30	19	1	139—142	14	11
31, 32	19	2	143—145	17	15
33, 34	19	3	146	17	16
35—48	19	4	147	18	6
49	19	5	148—150	18	7
50	19	6	151—153	18	8
51	19	7	154—156	18	9
52—56	14	7	157, 158	18	10
57—59	17	2	159, 160	14	12
60—71	17	3	161	14	13
72	17	4	162	17	17
73	17	5			

B. Steindecken-Bestimmungen.

163	1. Absatz	182	§ 11
164—166	§ 1	183—185	12
167	2	186—188	13
168, 169	3	189	14
170	4	190, 191	15
171, 172	5	192—195	16
173	6	196, 197	17
174, 175	7	198	18
176—178	8	199, 200	19
179	9	201, 202	20
180, 181	10		

b) Formeln.

Im vorliegenden Heft		In den Bestimmungen
Absatz	Formel	Formel
31	1	26
66	2	1
66	3	2
68	4	3
69	5	4
70	6	5
71	7	6
86	8	7
86	9	8
87	10	9
87	11	10
87	12	11
	13	—
	14	—
	15	—
	16	—
82—87	17	—
	18	—
	19	—
	20	—
	21	—

Im vorliegenden Heft		In den Bestimmungen
Absatz	Formel	Formel
	22	—
	23	—
82—87	24	—
	25	—
	26	—
	27	—
104	28	12
105	29	13
106	30	14
107	31	15
108	32	16
121	33	17
134	34	19
137	35	20
144	36	18
147	37	21
148	38	22
149	39	23
151	40	24
154	41	25

c) Abbildungen und Tafeln.

Im vorliegenden Heft		In den Bestimmungen
Absatz	Abb.	
1	1	—
2	2	—
4	3	—
5	4	—
6	5	
8	6	—
9—11	7	—
23	8	—
31	9	12
31	10	—
52	11	—
56	12	—
57—59	13	—
61	14	—
64	15	—
66	16	3
72	17	4a
72	18	4b
76	19	—
77	20	—

Im vorliegenden Heft		In den Bestimmungen
Absatz	Abb.	
81	21	—
86	22	5
87	23	6
	24	—
	25	—
	26	—
	27	—
	28	—
82—89	29	—
	30	—
	31	—
	32	—
	33	—
	34	—
91	35	1
91	36	2
95	37	—
96	38	—
100	39	7
97—101	40	—

Im vorliegenden Heft Absatz	Im vorliegenden Heft Abb.	In den Bestimmungen
111	41	—
112	42	—
113—116	43	—
119—123	44	—
	45	—
	46	—
128	47	8
129	48	9
130	49	—
131—135	50	—
	51	—
139—142	52	—
	53	—
144	54	10
	55	—
145	56	—

Im vorliegenden Heft Absatz	Im vorliegenden Heft Abb.	In den Bestimmungen
154	57	11
164—166	58	—
168, 169	59	—
172	60	—
176—178	61	—
182	62	—
187	63	Abb. für Steindecken
196, 197	64	—
32	Tafel I	II
34	,, II	III
48	,, III	IV
82—89	,, IV	—
195	,, V	Tafel für Steindecken

Verlag von Julius Springer / Berlin

Der Beton. Herstellung, Gefüge und Widerstandsfähigkeit gegen physikalische und chemische Einwirkungen. Von Dr. **Richard Grün,** Direktor am Forschungsinstitut der Hüttenzementindustrie in Düsseldorf. Mit 54 Textabbildungen und 35 Tabellen. X, 186 Seiten. 1926. RM 13.20; gebunden RM 15.—

Untersuchungen über den Einfluß häufig wiederholter Druckbeanspruchungen auf Druckelastizität und Druckfestigkeit von Beton. Von Dr.-Ing. **Alfred Mehmel.** Mit 30 Textabbildungen. IV, 74 Seiten. 1926. RM 6.60

Wasserdurchlässigkeit von Beton in Abhängigkeit von seinem Aufbau und vom Druckgefälle. Von Dr.-Ing. **Gustav Merkle.** (Mitteilungen des Instituts für Beton und Eisenbeton der Technischen Hochschule in Karlsruhe i. B. Leitung: E. Probst-Karlsruhe i. B.) Mit 33 Textabbildungen. IV, 66 Seiten. 1927. RM 5.10

Der Massivbau (Stein-, Beton- und Eisenbetonbau). Von Geh. Reg.-Rat Prof. **Robert Otzen,** Hannover. (Handbibliothek für Bauingenieure, IV. Teil: Konstruktiver Ingenieurbau, 3. Band.) Mit 497 Textabbildungen. XII, 492 Seiten. 1926. Gebunden RM 37.50

Das Wesen des Gußbetons. Eine Studie mit Hilfe von Laboratoriumsversuchen. Von Dr.-Ing. **G. Bethke.** Mit 33 Textabbildungen. 58 Seiten. 1924. RM 3.30

Ist Gußbeton wirtschaftlich? Untersuchungen über die Wirtschaftlichkeit von Gußbeton gegenüber Stampfbeton. Von Dr.-Ing. **L. Baumeister,** Stuttgart. Mit 43 Abbildungen und 14 Tabellen. IV, 101 Seiten. 1927. RM 7.50

Die rationelle Bewirtschaftung des Betons. Erfahrungen mit Gußbeton beim Bau der Nordkaje des Hafens II in Bremen. Von Baurat Dr.-Ing. **Arnold Agatz,** Bremen. (Erweiterter Sonderabdruck aus „Der Bauingenieur“ 1926, Heft 34, 36 und 37.) Mit 60 Abbildungen. IV, 124 Seiten. 1927. RM 7.50

Organisation und Betriebsführung der Betontiefbaustellen. Von Baurat Dr.-Ing. **A. Agatz,** Bremen. Mit 29 Abbildungen und Musterformularen. 88 Seiten. 1923. RM 3.60

Die Wirtschaftlichkeit als Konstruktionsprinzip im Eisenbetonbau. Von Dr.-Ing. **Max Mayer.** Mit 30 Textfiguren, 15 Zahlentabellen und 1 Formeltafel. VI, 148 Seiten. 1913. RM 5.40

GPSR Compliance

The European Union's (EU) General Product Safety Regulation (GPSR) is a set of rules that requires consumer products to be safe and our obligations to ensure this.

If you have any concerns about our products, you can contact us on ProductSafety@springernature.com

In case Publisher is established outside the EU, the EU authorized representative is:

Springer Nature Customer Service Center GmbH
Europaplatz 3
69115 Heidelberg, Germany

Batch number: 10682534

Printed by Printforce, the Netherlands